AutoCAD 机械绘图教程

主　编　徐秀娟
副主编　高　葛
参　编　孙鹏涛
主　审　郑宏勤

北京理工大学出版社
BEIJING INSTITUTE OF TECHNOLOGY PRESS

内容简介

本书共分八个单元，每个单元包含有若干个任务实例。具体内容包括绘图基础、平面图形绘制、文字与表格、尺寸标注、图块、零件图绘制、装配图绘制、图形输出等。在任务实例后安排有大量练习题供作业、实训使用。

本书可作为高等院校机电类相关专业计算机绘图课程的教学用书，也可供从事机械制图工作有关的工程技术人员使用。AutoCAD 各个版本在经典工作空间下均可使用本书作为指导或参考。

图书在版编目（CIP）数据

AutoCAD 机械绘图教程 / 徐秀娟主编. —北京：北京理工大学出版社，2018.12
ISBN 978-7-5682-6157-9

Ⅰ. ①A…　Ⅱ. ①徐…　Ⅲ. ①机械制图–AutoCAD 软件–高等学校–教材　Ⅳ. ①TH126

中国版本图书馆 CIP 数据核字（2018）第 191029 号

出版发行 / 北京理工大学出版社有限责任公司
社　　址 / 北京市海淀区中关村南大街 5 号
邮　　编 / 100081
电　　话 /（010）68914775（总编室）
（010）82562903（教材售后服务热线）
（010）68948351（其他图书服务热线）
网　　址 / http://www.bitpress.com.cn
经　　销 / 全国各地新华书店
印　　刷 / 涿州市新华印刷有限公司
开　　本 / 787 毫米×1092 毫米　1/16
印　　张 / 9
字　　数 / 215 千字
版　　次 / 2018 年 12 月第 1 版　2018 年 12 月第 1 次印刷
定　　价 / 44.00 元

责任编辑 / 赵　岩
文案编辑 / 赵　岩
责任校对 / 周瑞红
责任印制 / 李　洋

图书出现印装质量问题，请拨打售后服务热线，本社负责调换

前　言

AutoCAD 是美国 Autodesk 公司推出的计算机辅助设计软件，自 1982 年推出之后，版本不断更新，功能逐步增强。本教材结合编者多年的教学教改经验及机电类各专业实际需要编写，注重培养学生使用计算机辅助设计软件绘图的能力。主要有以下特点：

1. 叙述简洁明了、循序渐进，初学者通过实例的操作很容易掌握软件的使用方法。具有 AutoCAD 初步知识的人员通过系统学习，独立完成绘图任务的能力也可得到提高。

2. 对软件进行的各种设置具有很强的针对性和实用性，适用于机械图样的绘制。

3. 配有大量习题，可作为教材，也可作为实训及上机指导书。并且习题也可作为其他计算机绘图软件的练习题。

4. 图样上粗糙度、几何公差的标注等均采用最新国家标准。

本书由徐秀娟主编，具体参加编写的有高葛（第一单元、第三单元、第七单元）、孙鹏涛（第二单元），徐秀娟（第四单元、第五单元、第六单元、第八单元）、蒋爱云（第二单元部分素材）。全书由徐秀娟统稿，郑宏勤主审。

教材在编写过程中，引用了一些图形和资料，在此谨向有关作者表示感谢。同时感谢武苏维、高乐天、刘霖、孙路、严朝宁、田莉坤、邓嘉琪的大力支持。

对本书存在的问题，热诚希望广大读者提出宝贵意见与建议，以便今后继续改进。

编　者

目　录

第一单元

绘 图 基 础

任务 1.1　认识软件及界面

1.1.1　任务要求

打开 AutoCAD 2016 软件并熟悉其界面。

1.1.2　任务实施

方法 1：双击桌面上的 AutoCAD 2016 图标。

方法 2：（以 Window10 系统为例）从“开始”——“所有文件”——“Autodesk”——“AutoCAD 2016”，按如图 1-1 所示顺序单击各按钮。

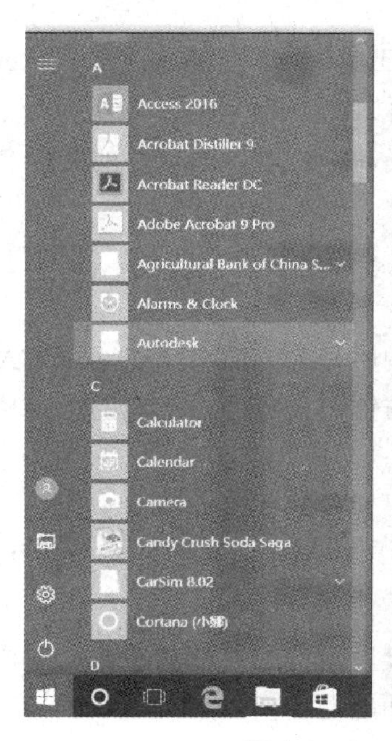

图 1-1　AutoCAD 2016 的启动

1.1.3 知识链接

每次启动 AutoCAD，都会打开 AutoCAD 窗口。这一窗口是用户的设计工作空间，它包括用于设计和接收设计信息的基本组件。图 1-2 显示了 AutoCAD 2016 窗口的一些主要部分。

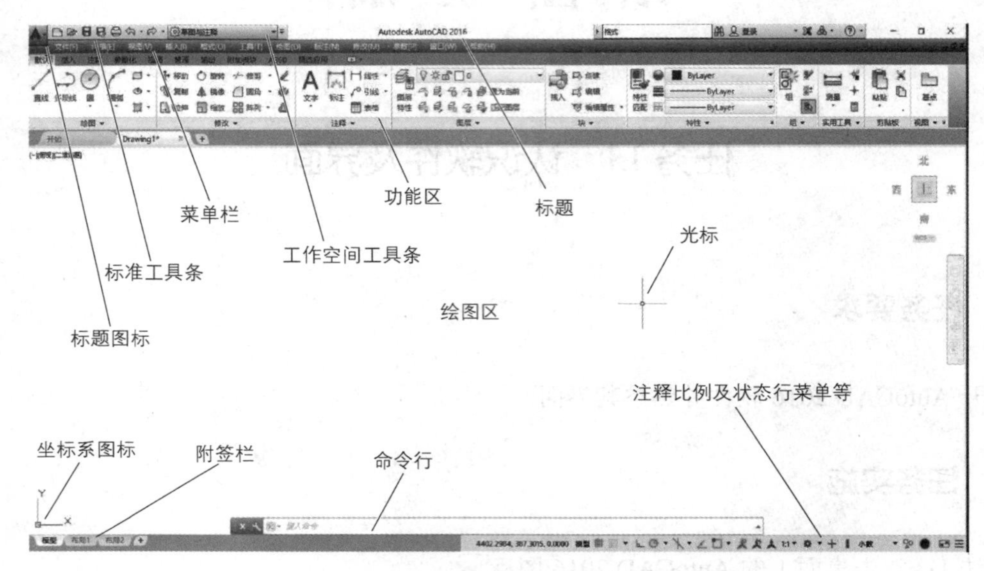

图 1-2 AutoCAD 2016 的基本窗口

熟悉 AutoCAD 2016 之前版本中“AutoCAD 经典”界面的读者还可以在“功能区”的菜单右侧空白处单击右键，选择关闭，则功能区会隐藏（若需要显示功能区，可参考 1.3.3 知识链接）。隐藏功能区后依次单击“菜单栏”上的“工具”→“工具栏”→“AutoCAD”，然后再依次添加所需的工具栏。“AutoCAD 经典”界面如图 1-3 所示。

（1）标题栏。位于界面的最上方，用于显示当前操作的图形文件的文件名。最右侧是标准 Windows 程序的最小化、还原和关闭按钮。

（2）菜单栏。菜单栏主要由文件、编辑、视图、插入等菜单组成，它们包括了 AutoCAD 中几乎全部的功能和命令。

（3）工具栏。包含许多图标按钮，可以快速调用相关的命令，在 AutoCAD 中，系统共提供了三十多个已命名的工具栏。用户可以通过右键单击界面中已有的工具栏，在弹出的快捷菜单选择打开或关闭相应的工具栏。

（4）绘图窗口。即绘图区域，所有的绘图结果都反映在这个窗口中。

（5）命令行。位于绘图窗口的底部，用于接收用户输入的命令和参数，并显示 AutoCAD 提示信息。

（6）状态栏。位于命令行下方，用于显示或设置当前的绘图状态。状态栏左边的数字反映当前光标的位置坐标。单击按钮可以实现对应功能的切换。

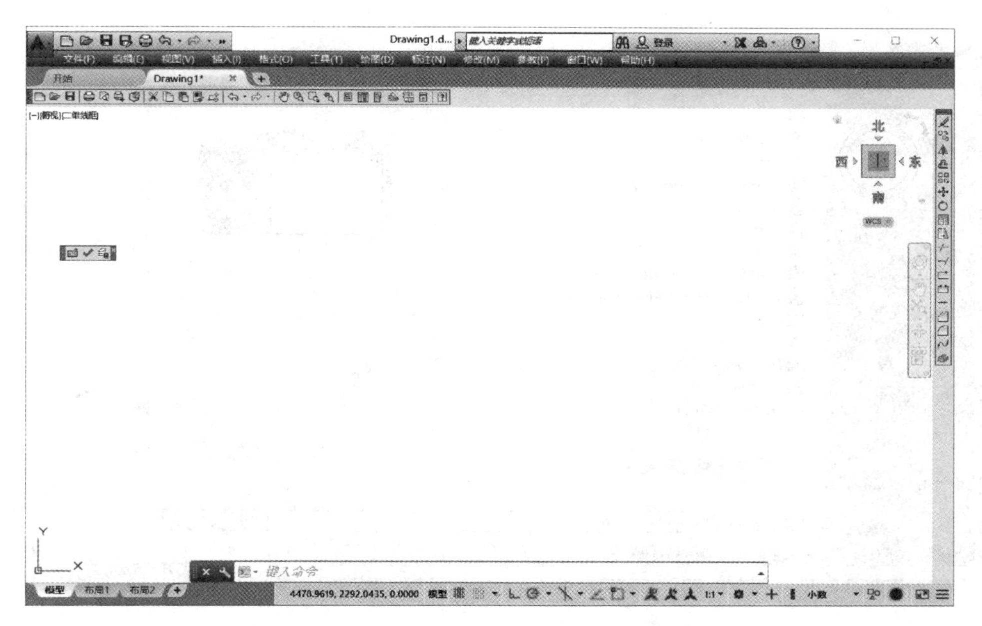

图 1-3　AutoCAD 2016 的经典界面

任务 1.2　操作文件

1.2.1　任务要求

按要求给新建的文件起名并保存到规定的位置。

1.2.2　任务实施

1. 文件的新建

单击标准工具条上的□按钮（或文件→新建），在如图 1-4 所示的对话框中选择一合适的样板，或在“打开”按钮旁单击箭头并选择“无样板打开-公制（M）”

2. 文件的保存

（1）单击标准工具栏上的💾按钮（或文件→保存）→指定位置与文件名。

（2）在菜单中单击“文件”→“另存为”→“指定位置与文件名”。

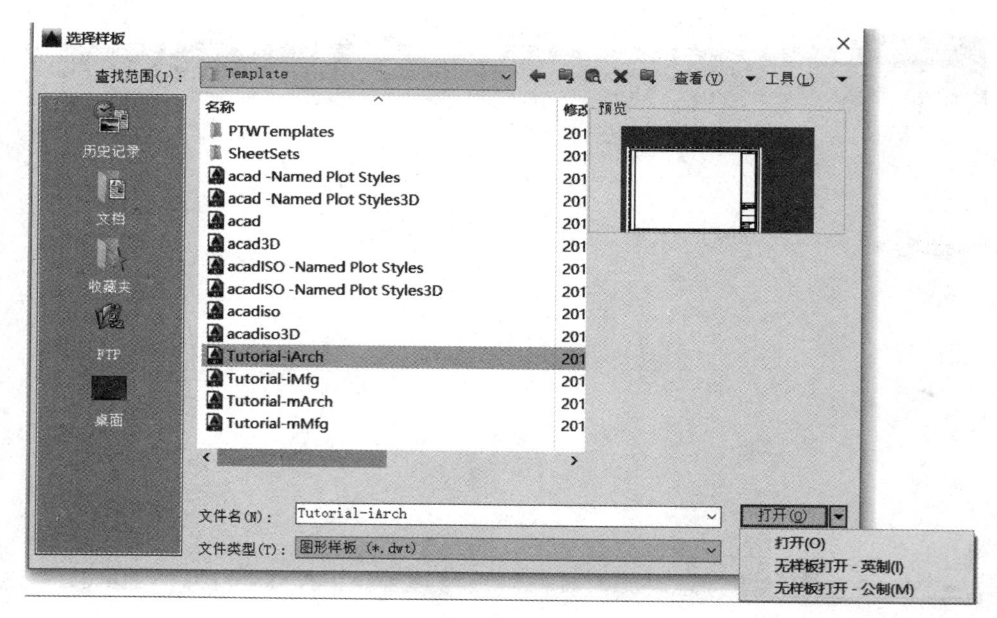

图 1-4　文件的新建

3. 文件的打开

（1）单击标准工具栏上的按钮（或“文件”→“打开”）→“指定位置与文件名”→“打开”。

（2）单击“文件”→“打开”→“指定位置与文件名”→“打开”。

任务 1.3　设置基本绘图环境

1.3.1　任务要求

设置绘图精度、图层等。将长度单位设置为“0.000 0”，将角度单位设置为“0.00”，按照 CAD 绘图国家标准设置图层。

1.3.2　任务实施

1. 设置绘图精度

单击菜单栏中“格式”→“单位”→“图形单位”。将绘图精度设置成如图 1-5 所示。

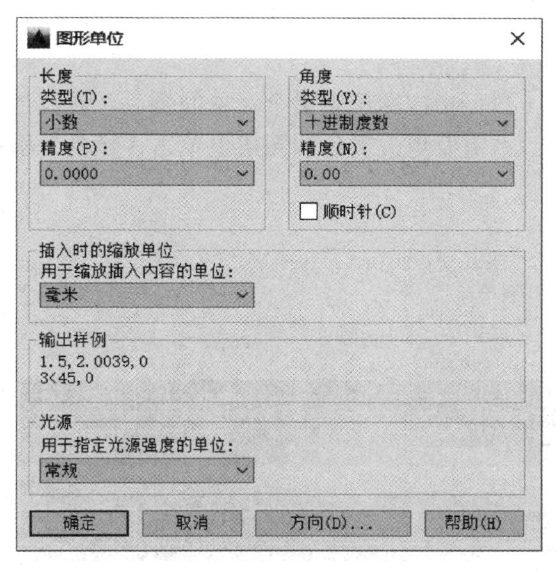

图 1-5　绘图精度设置

2. 设置图层

1）创建和命名图层

创建新图层的步骤如下。

（1）从功能区的图层区单击或从“格式”菜单中选择“图层”。

（2）如图 1-6 所示，在“图层特性管理器”中选择按钮。新图层将以临时名称“图层 1”显示在列表中。

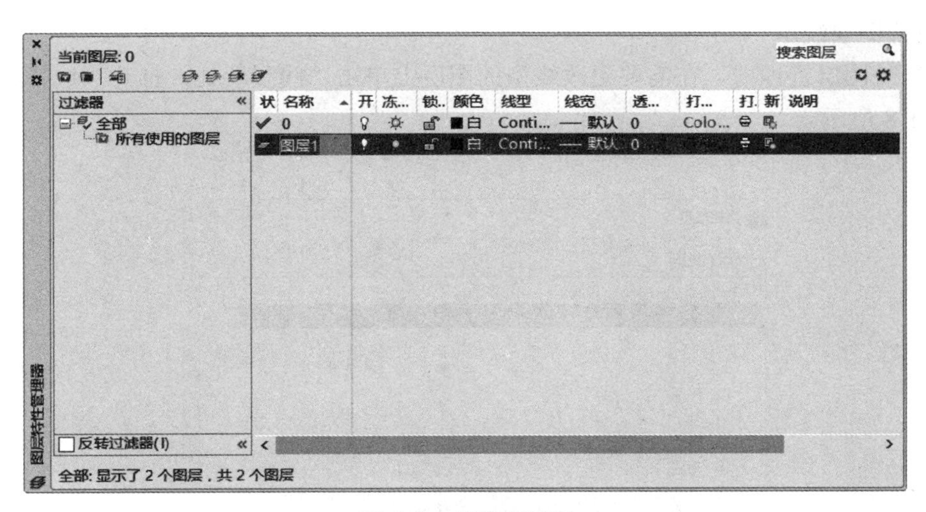

图 1-6　创建新图层

（3）输入新的名称，如“粗实线”。

（4）若要创建多个图层，可再次选择“新建”，输入新的图层名，按回车键。

2）设置图层颜色

可以指定图层的颜色，也可指定图形中单个对象的颜色，设置当前颜色的步骤如下。

（1）打开图层管理器。在需要更改颜色的图层上单击“颜色”框打开“选择颜色”对话框，如图 1-7 所示。

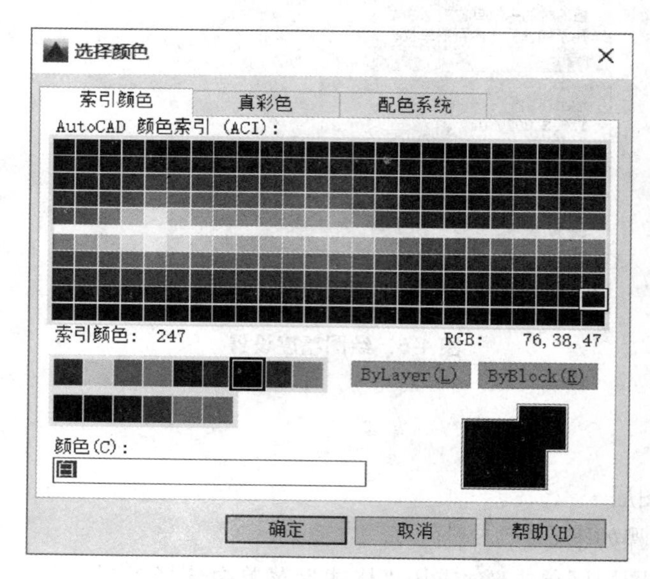

图 1-7　设置图层颜色

（2）在“选择颜色”对话框中选择一种颜色。

（3）选择“确定”。

3）设置图层线型

（1）打开图层管理器。在需要更改线型的图层上单击“线型”处，打开“选择线型”对话框如图 1-8 所示。

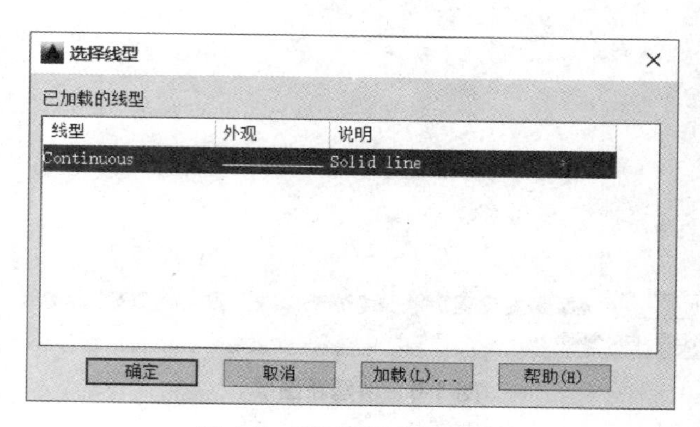

图 1-8　“选择线型”对话框

（2）在“选择线型”对话框中选择“加载”按钮，打开“加载或重载线型”对话框，如图 1-9 所示。

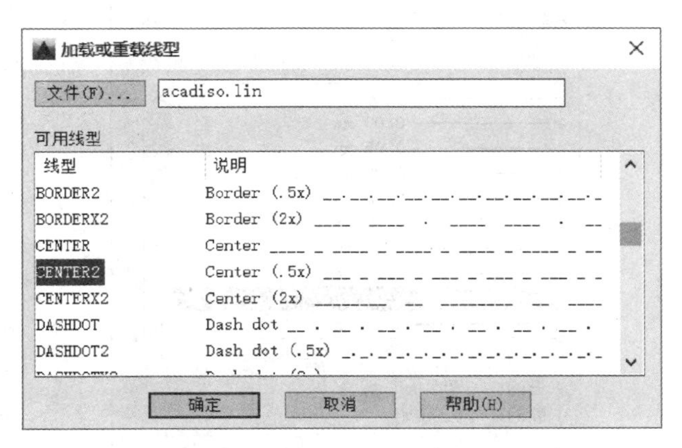

图 1-9　“加载或重载线型”对话框

（3）在“加载或重载线型”对话框中选择一个或多个要加载的线型，然后选择“确定”。

（4）在“选择线型”对话框中选择需要的线型，如图 1-10 所示，然后单击“确定”按钮。

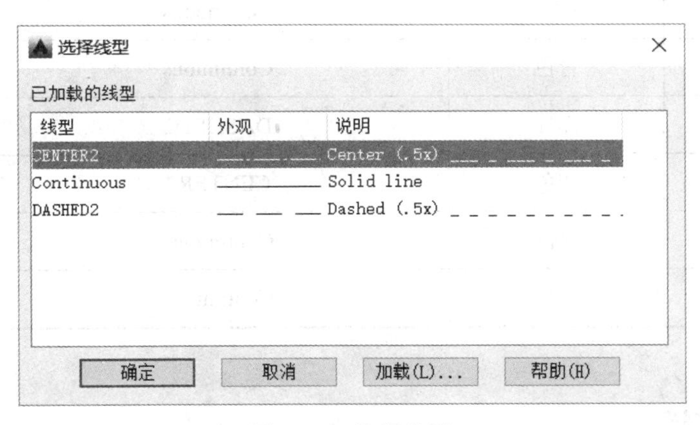

图 1-10　选择线型

4）设置图层线宽

（1）打开“图层管理器”。在需要更改线宽的图层上单击“线宽”处，打开“线宽”对话框，如图 1-11 所示。

（2）选择合适的线宽，按“确定”按钮。

（3）在“图层特性管理器”中单击“确定”。

5）保存图层的设置结果

各层的设置可参考表 1-1 进行。

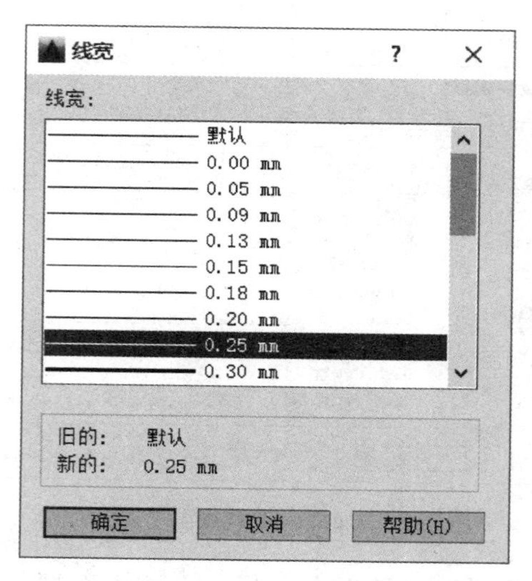

图 1-11 "线宽"对话框

表 1-1 图层设置

层名	颜色	线型	线宽
粗实线	白色	Continuous	0.5
细实线	青色	Continuous	0.25
虚线	洋红	DASHED2	0.25
细点划线	红色	CENTER2	0.25
尺寸标注	绿色	Continuous	0.25
文字标注	黄色	Continuous	0.3

1.3.3 知识链接

1. 功能区的调整

如图 1-12 所示为 AutoCAD 2016 特有的功能区，它把图层、绘图、尺寸标注、文字、表格等整合在一个功能区上，使绘图工作更加方便。

1）功能区的打开与关闭

用鼠标右键单击功能区上方的菜单栏，单击"关闭"即可关闭面板。需要启用时，执行"工具菜单→选项板→功能区"。

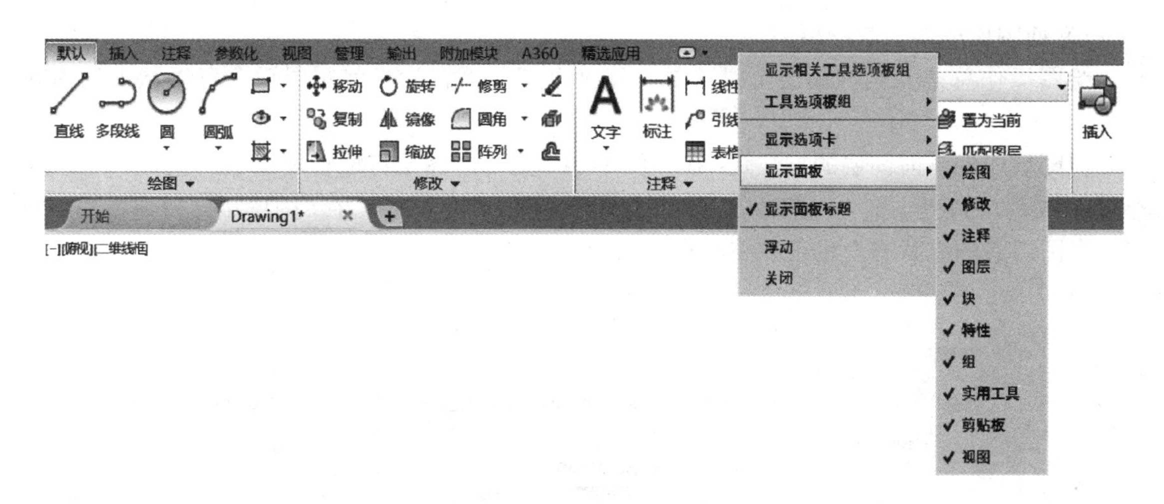

图 1-12 功能区及控制

2）功能区的移动与靠边

在面板上方菜单栏的空白处单击鼠标右键，单击“浮动”，即可将面板位置解锁。拖动面板上方的双线即可由靠边移到屏幕的任意位置。不靠边的状态下可拖动右边蓝色条移动面板，移到最左边、最右边时自动靠边。如图 1-13 所示，利用“自动隐藏”按钮可使面板变成一窄长条。

3）显示面板的使用

在面板内任意空白处单击鼠标右键都可打开“显示面板”，利用显示面板可以调整功能区的内容，如图 1-12 所示。

4）功能区的自动隐藏

当功能区处于浮动状态时，如图 1-13，在功能区标题空白处单击右键，可选择“锚点居左”或“锚点居右”，使面板左右自动隐藏，当鼠标移上蓝色条时自动显示。

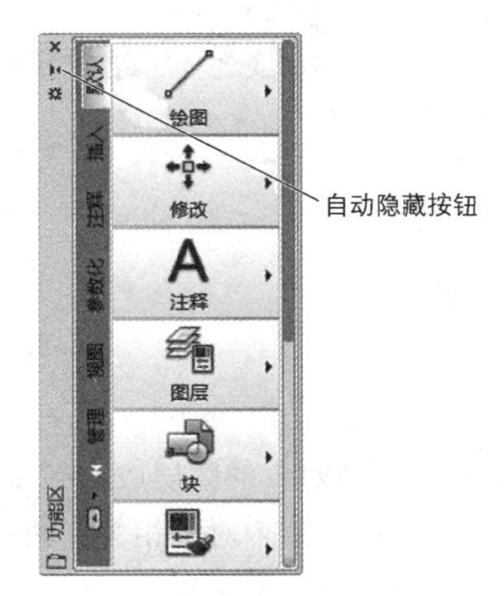

图 1-13 功能区的移动与靠边

2. 工具栏的调出与关闭

1）调出工具栏

在已调出的工具栏空白处按右键，在弹出的“工具栏菜单”上单击需要的工具栏，即可调出工具栏。

2）关闭工具栏

在已调出的工具栏空白处按右键，在弹出的“工具栏菜单”上单击需要关闭的工具栏，即可关闭工具栏。

3. 图层的使用

1）使图层成为当前图层

绘图操作总是在当前图层上进行的。将某个图层设置为当前图层后，可以从中创建新对象。

使图层成为当前图层的方法是：在如图 1-14 所示的“图层特性管理器”中选择一个图层，然后选择“置为当前”（或鼠标右键单击“置为当前”）即可。在“图层特性管理器”中双击一个图层名的“状态”也可以将其设置为当前图层。

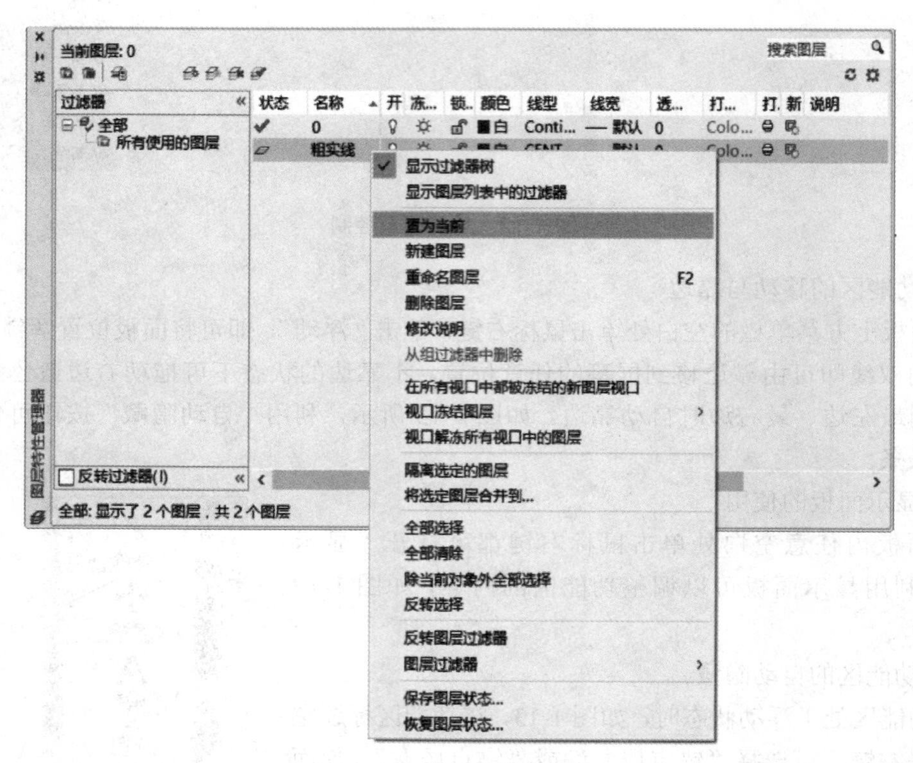

图 1-14　图层特性管理器

2）使对象的图层成为当前图层

要使与某个对象相关联的图层成为当前图层，应先选择该对象，然后在“对象特性”工具栏上选择“把对象的图层置为当前”，于是，所选择对象的图层则变为当前图层。

3）控制图层的可见性

AutoCAD 不显示也不打印绘制在不可见图层上的对象。在图形中，被冻结或关闭的图层是不可见的。

4）图层特性的使用

在图形中使用图层特性，既可为单个对象指定特性，也可以为图层指定特性。

在图层上绘图时，新对象的默认设置是随层的颜色、线型、线宽和打印样式。也可随时在如图 1-15 所示“特性”工具条中更改。

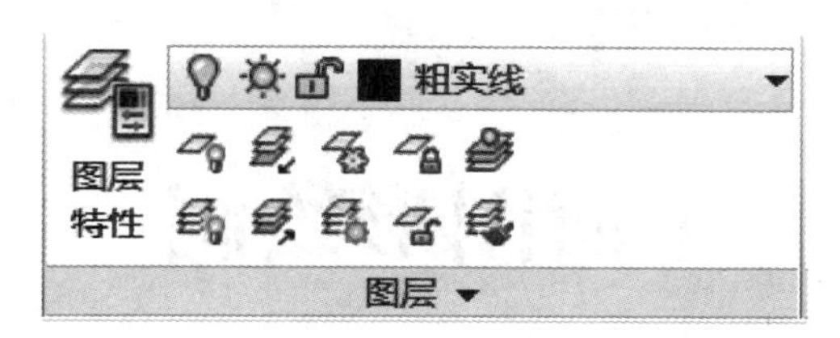

图 1-15　图层“特性”工具条

平面图形绘制

任务 2.1 绘制平面图形（一）

2.1.1 任务要求

绘制如图 2-1 所示轴承座，掌握点的坐标输入法，绘制直线、矩形、圆的命令，掌握修剪、镜像等修改命令，熟练使用对象捕捉及对象捕捉追踪等辅助绘图工具。

2.1.2 任务实施

1）建立“粗实线”“虚线”“细点划线”图层，设置对象捕捉中交点、端点、切点捕捉

2）绘制中心线

（1）将“细点划线”层设置为当前层。

（2）调用“直线”命令，打开正交工具，绘制出垂直中心线 AB。

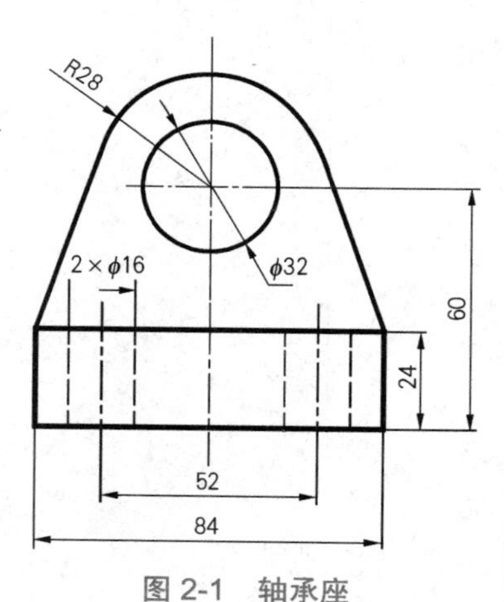

图 2-1 轴承座

```
命令：_line 指定第一点：
                              //在屏幕中上部单击，确定点 A
指定下一点或 [放弃（U）]：120
                              //按图形尺寸确定中心线的大约长度
指定下一点或 [放弃（U）]：          //回车结束命令
```

（3）在合适的位置绘制出水平直线 CD，结果如图 2-2 所示。

3）绘制矩形

（1）将“粗实线”层设置为当前层，打开对象捕捉工具栏。

（2）调用“矩形”命令，绘制矩形，如图 2-3 所示。矩形左下角点的确定采用对象捕捉工具栏中的“捕捉自”。

命令：_rectang

指定第一个角点或 [倒角（C）/标高（E）/圆角（F）/厚度（T）/宽度（W）]：//单击“捕捉自”按钮_from 基点：//对象捕捉到点 O

<偏移>：@-42，-60//输入点 E 相对于点 O 的相对直角坐标

指定另一个角点或 [面积（A）/尺寸（D）/旋转（R）]：@84，24//输入点 F 相对于点 E 的相对直角坐标

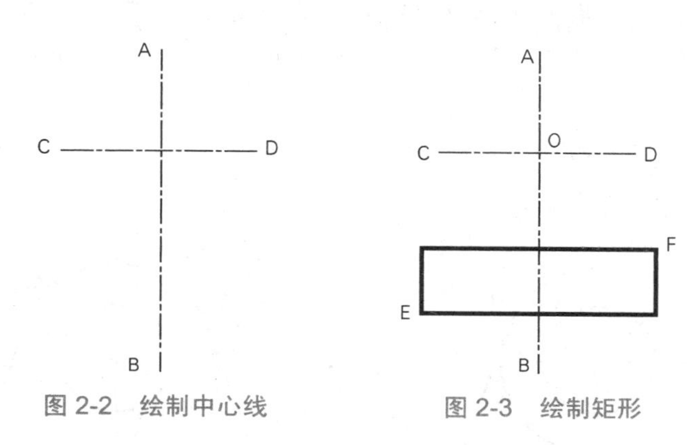

图 2-2　绘制中心线　　图 2-3　绘制矩形

4）绘制圆和切线

（1）调用“圆”的命令，采用圆心半径法绘制 R28 的圆。

命令：_circle 指定圆的圆心或 [三点（3P）/两点（2P）/相切、相切、半径（T）]：//对象捕捉点 O

指定圆的半径或 [直径（D）] <16.0000>：28　　　　//输入圆的半径

（2）调用“圆”的命令，绘制 Φ32 的圆。

（3）调用“直线”命令，绘制 R28 的圆的两条切线 LG 和 FH，如图 2-4 所示。

5）修剪圆 R28

调用“修剪”命令将圆 R28 切点 G、H 以下的部分剪掉。

命令：_trim

当前设置：投影=UCS，边=无

选择剪切边...

选择对象或<全部选择>：找到 1 个　　　　//选择直线 LG

选择对象：找到 1 个，总计 2 个　　　　//选择直线 FH

选择对象：

选择要修剪的对象，或按住 Shift 键选择要延伸的对象，或

[栏选（F）/窗交（C）/投影（P）/边（E）/删除（R）/放弃（U）]：　　//单击圆的下半部分

选择要修剪的对象，或按住 Shift 键选择要延伸的对象，或

[栏选（F）/窗交（C）/投影（P）/边（E）/删除（R）/放弃（U）]：↙　//回车结束命令

6）绘制 Φ8 孔的中心线

（1）将“细点划线”层设置为当前层。

（2）调用“偏移”命令，将中心线 AB 向左偏移 26 得到中心线 IK，如图 2-5 所示。

```
命令：_offset
当前设置：删除源=否图层=源 OFFSETGAPTYPE=0
指定偏移距离或 [通过（T）/删除（E）/图层（L）] <通过>：26
选择要偏移的对象，或 [退出（E）/放弃（U）] <退出>：        //选择直线 AB）
指定要偏移的那一侧上的点，或 [退出（E）/多个（M）/放弃（U）] <退出>：        //在直线 AB 左侧任一点处单击左键
选择要偏移的对象，或 [退出（E）/放弃（U）] <退出>：↙      //回车结束命令
```

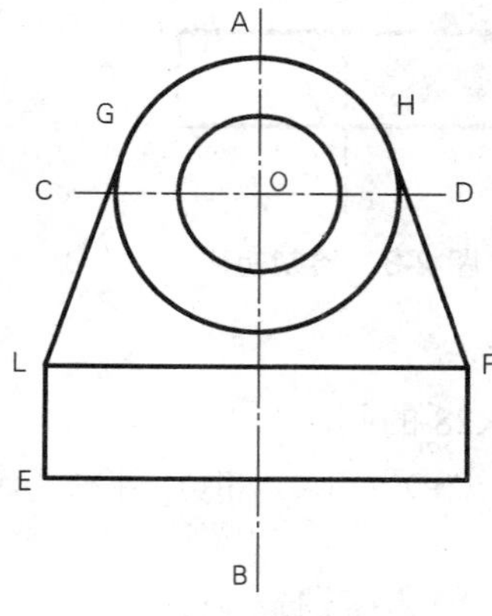

图 2-4 绘制圆及其切线

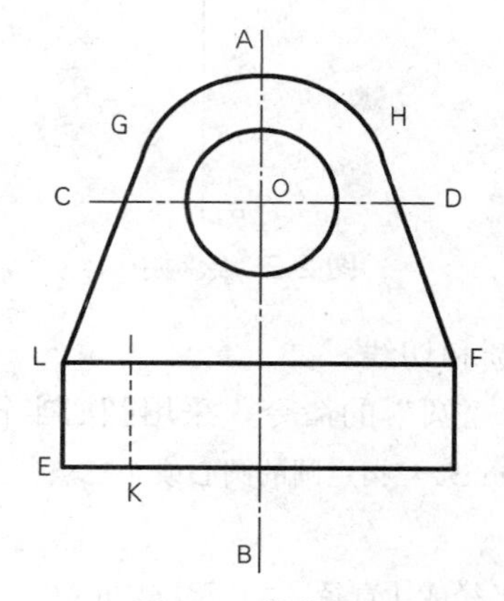

图 2-5 修剪图

（3）调用“打断”命令调整 IK 的长度，如图 2-6 所示。

7）绘制孔的轮廓线

（1）将“虚线”层设置为当前层。

（2）绘制左侧孔的轮廓线。调用“直线”命令，打开对象捕捉追踪，先捕捉点 I，向左移动鼠标出现追踪线后输入距离 4，回车确定点 M，打开“正交”，向下移动鼠标捕捉交点 N。同样的方法绘制直线 OP，如图 2-7 所示。

（3）调用“镜像”命令绘制右侧孔的轮廓线。如图 2-8 所示。

```
命令：_mirror
选择对象：找到 1 个                                   //选择直线 IK
选择对象：找到 1 个，总计 2 个                        //选择直线 MN
选择对象：找到 1 个，总计 3 个                        //选择直线 OP
选择对象：↙                                          //回车结束选择对象
指定镜像线的第一点：                                  //捕捉点 A
指定镜像线的第二点：                                  //捕捉点 B
要删除源对象吗？ [是（Y）/否（N）] <N>：N↙            //选择不删除源对象
```

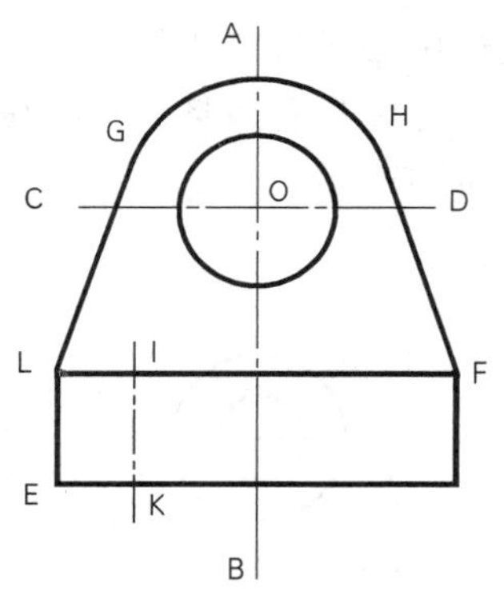

图 2-6　绘制中心线 IK

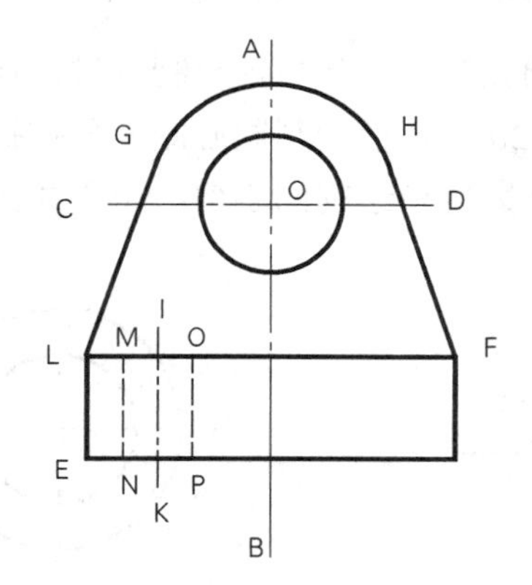

图 2-7　绘制孔的轮廓线

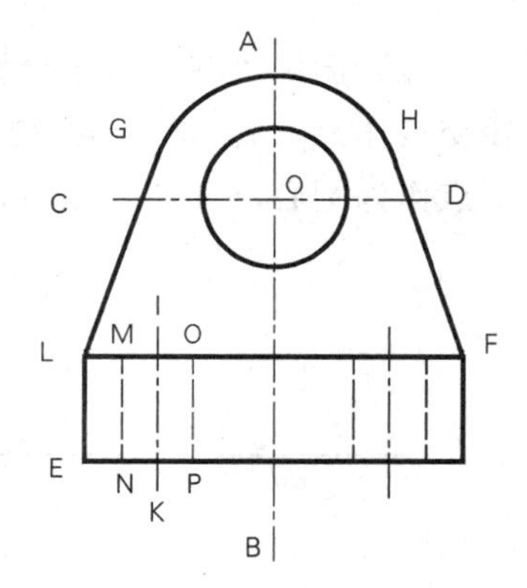

图 2-8　绘制右侧孔的轮廓线

任务 2.2　绘制平面图形（二）

2.2.1　任务要求绘制

如图 2-9 所示的曲柄的主视图，掌握偏移、修剪、打断、旋转、删除命令。

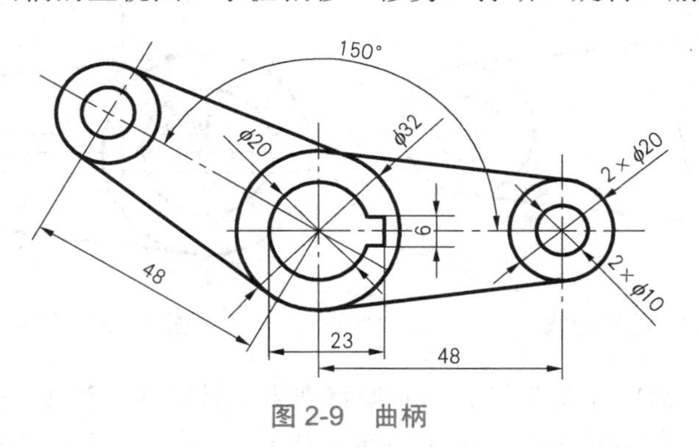

图 2-9　曲柄

2.2.2　任务实施

1）建立“粗实线”“细点划线”图层，设置对象捕捉中交点、端点、切点捕捉

2）绘制中心线

（1）将“细点划线”层设置为当前层。

（2）调用“直线”命令，打开正交工具，绘制出水平中心线和左边中心线。

（3）调用“偏移”命令，将左边的中心线向右偏移 48，如图 2-10 所示。

3）绘制同心圆

（1）转换到“粗实线”图层。

（2）调用“圆”命令绘制轴孔部分。其中，绘制圆时，捕捉水平中心线与左边竖直中心线交点作为圆心，分别以 32 和 20 为直径绘制同心圆；再捕捉水平中心线与右边竖直中心线交点作为圆心，分别以 20 和 10 为直径绘制同心圆。结果如图 2-11 所示。

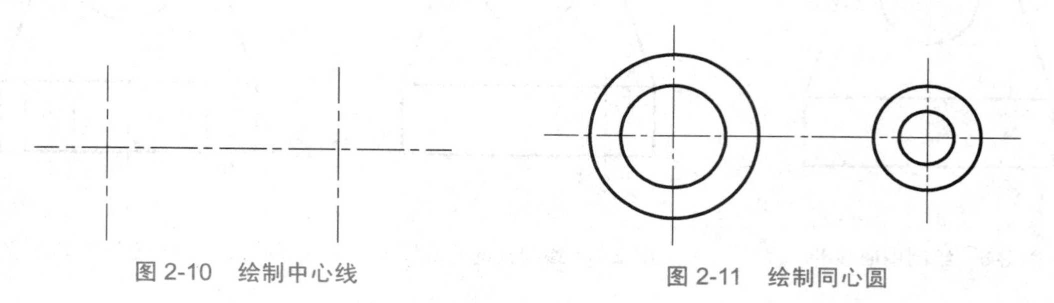

图 2-10　绘制中心线　　图 2-11　绘制同心圆

4）绘制连接板

调用“直线”命令绘制连接板。分别捕捉左右外圆的切点作为起点和端点，绘制上下两条切线，结果如图 2-12 所示。

5）绘制键槽

（1）调用“偏移”命令绘制水平辅助线。将水平中心线分别向上、向下偏移 3。

（2）调用“偏移”命令绘制竖直辅助线。将左边竖直中心线向右偏移 13，结果如图 2-13 所示。

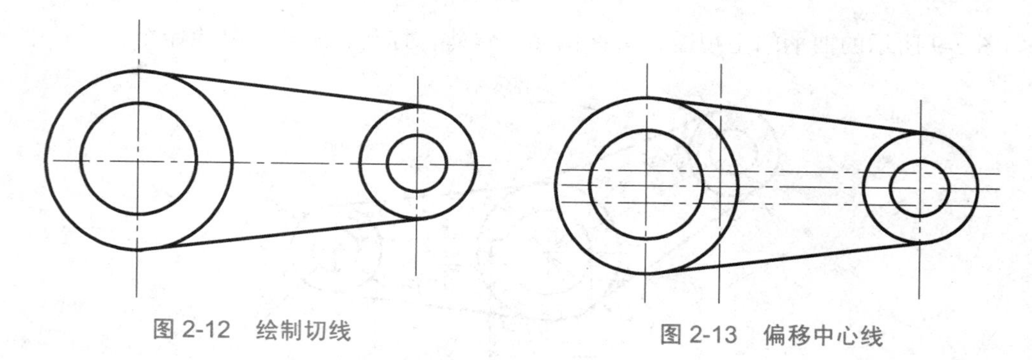

图 2-12　绘制切线　　图 2-13　偏移中心线

（3）调用“直线”命令绘制键槽。上面偏移产生的辅助线为键槽提供定位作用。捕捉 5）中绘制的辅助线与左边内圆交点以及辅助线之间相互交点，将它们作为端点绘制直线，如图 2-14 所示。

（4）调用“修剪”命令剪掉圆弧上键槽开口部分，如图 2-15 所示。

```
命令：_trim
当前设置：投影=UCS，边=无
选择剪切边...
选择对象或<全部选择>：找到 1 个                    //选择键槽的上边
选择对象：找到 1 个，总计 2 个                    //选择键槽的下边
选择对象：↙                                        //回车结束选择对象
选择要修剪的对象，或按住 Shift 键选择要延伸的对象，或 [栏选（F）/窗交（C）/投影（P）/边
```

（E）/删除（R）/放弃（U）]：　　　　　　　　　　//选择键槽中间的圆弧

选择要修剪的对象，或按住 Shift 键选择要延伸的对象，或 [栏选（F）/窗交（C）/投影（P）/边（E）/删除（R）/放弃（U）]：↙　　　　　　　　　　//回车结束命令

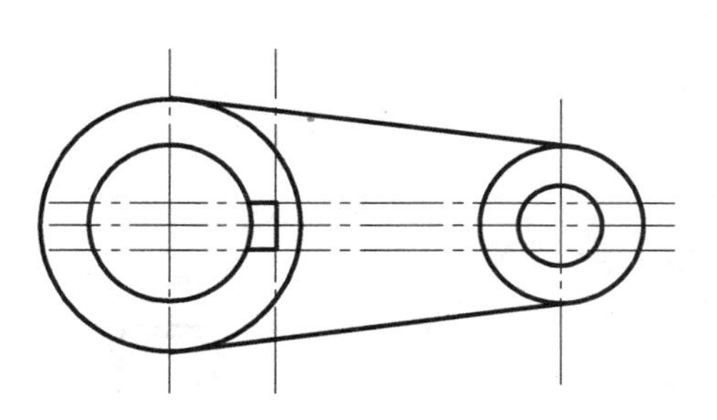
图 2-14　绘制键槽

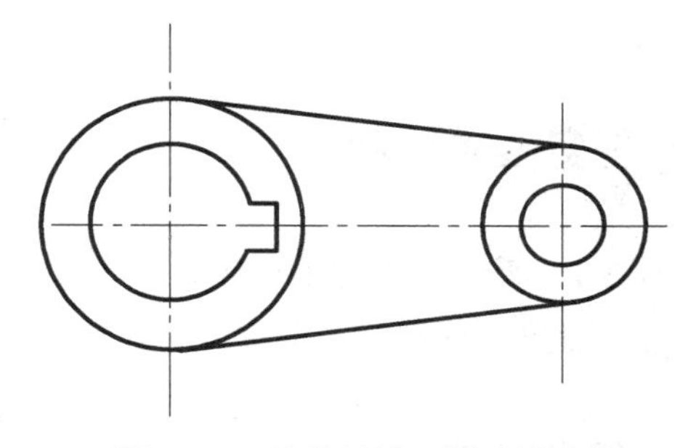
图 2-15　修剪键槽、删除辅助线

（5）调用“删除”命令删除多余的辅助线，结果如图 2-15 所示。

命令：_erase

选择对象：找到 1 个

选择对象：找到 1 个，总计 2 个

选择对象：找到 1 个，总计 3 个　　　　　　　　　　//分别选择偏移的三条辅助线

选择对象：　　　　　　　　　　//回车结束命令

6）复制旋转

调用“旋转”命令，将所绘制的右边的两个同心圆、两条切线和中心线复制旋转。

命令：_rotate

UCS 当前的正角方向：ANGDIR=逆时针 ANGBASE=0

选择对象：指定对角点：找到 6 个　　　　　　　　　　//用右框选法选择要旋转的对象

选择对象：↙　　　　　　　　　　//回车结束选择对象

指定基点：　　　　　　　　　　//对象捕捉 Φ32 圆的圆心

指定旋转角度，或 [复制（C）/参照（R）] <0>：c

旋转一组选定对象。

指定旋转角度，或 [复制（C）/参照（R）] <0>：150

最终绘制结果如图 2-16 所示。

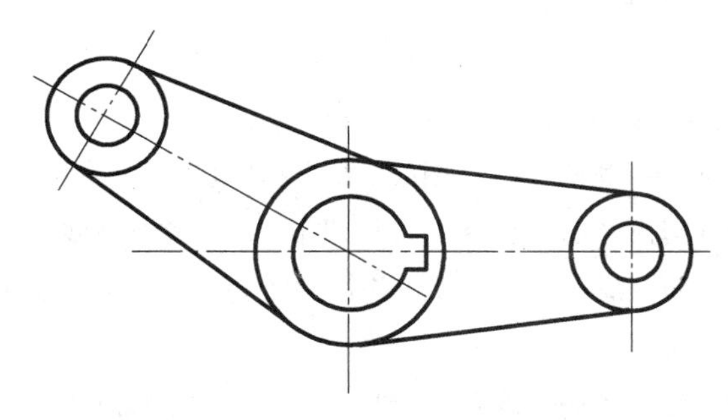
图 2-16　复制旋转后的最终结果

任务 2.3　绘制吊钩的主视图

2.3.1　任务要求绘制

如图 2-17 所示吊钩的主视图，学习分析图形，掌握偏移、倒角、圆角、修剪、打断命令。

2.3.2　任务实施

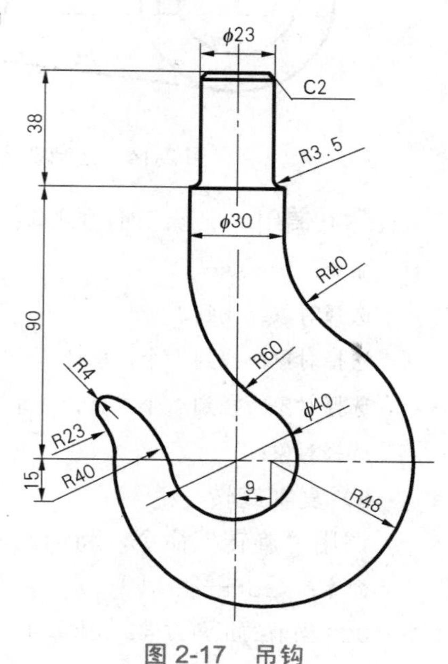

图 2-17　吊钩

图形分析：

要绘制该图形，应首先分析线段类型。已知线段：钩柄部分的直线和钩子弯曲中心部分的φ40，R48 圆弧；中间线段：钩子尖部分的 R23，R40 圆弧；连接线段：钩尖部分圆弧 R4、钩柄部分过渡圆弧 R40、R60。绘图基准是图形的中心线。

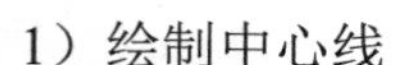
1）绘制中心线

（1）将“细点划线”层设置为当前层。

（2）绘制垂直中心线 AB 和水平中心线 CD。调用“直线”命令，单击屏幕中上部，确定两点，绘制出垂直中心线 AB。

（3）在合适的位置绘制出水平直线 CD，如图 2-18 所示。

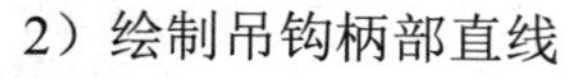
2）绘制吊钩柄部直线

柄的上部直径为 23，下部直径为 30，可以用中心线向左右分别偏移的方法获得轮廓线，钩子的水平端面线也可用偏移水平中心线的方法获得。

（1）在编辑工具栏中单击“偏移”按钮，调用“偏移”命令，将直线 AB 分别向左、右偏移 11.5 个单位，获得直线 JK、MN。

命令：_offset

当前设置：删除源=否图层=源 OFFSETGAPTYPE=0

指定偏移距离或 [通过（T）/删除（E）/图层（L）] <通过>：11.5

选择要偏移的对象，或 [退出（E）/放弃（U）] <退出>：//选择直线 AB

指定要偏移的那一侧上的点，或 [退出（E）/多个（M）/放弃（U）] <退出>：//在直线 AB 左侧任一点单击

选择要偏移的对象，或 [退出（E）/放弃（U）] <退出>：//选择直线 AB

指定要偏移的那一侧上的点，或 [退出（E）/多个（M）/放弃（U）] <退出>：//在直线 AB 右侧任一

点单击

选择要偏移的对象，或［退出（E）/放弃（U）］<退出>：//回车结束命令

再将直线 AB 分别向左、右偏移 15 个单位，获得直线 JK、MN 及 QR、OP；将 CD 向上偏移 90 个单位获得直线 EF，并将直线 EF 向上偏移 38 个单位，获得直线 GH。

（2）在偏移的过程中，偏移所得到的直线均为点画线，选择刚刚偏移所得到的直线 JK、MN 及 QR、OP、EF、GH，然后打开“图层”工具栏中图层的列表，单击列表框中的“粗实线”层，再按 Esc 键，将复制出的图线改变到粗实线层上，结果如图 2-19 所示。

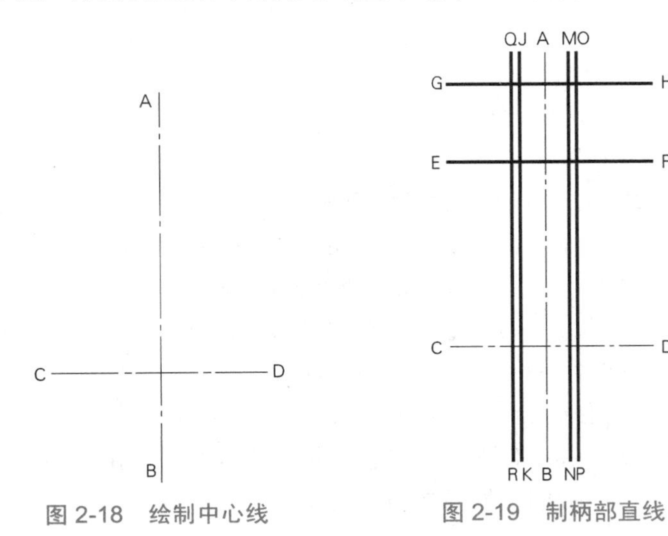

图 2-18　绘制中心线

图 2-19　制柄部直线

3）修剪图线至正确长短

（1）在“修改”工具栏中单击“倒角”按钮，调用“倒角”命令，设置当前倒角距离 1 和 2 的值均为 2 个单位，将直线 GH 与 JK、MN 倒 45° 角。

命令：_chamfer

（“修剪”模式）当前倒角距离 1=0.0000，距离 2=0.0000

选择第一条直线或［放弃（U）/多段线（P）/距离（D）/角度（A）/修剪（T）/方式（E）/多个（M）］：d//设置倒角距离

指定第一个倒角距离<2.0000>：2

指定第二个倒角距离<2.0000>：2

选择第一条直线或［放弃（U）/多段线（P）/距离（D）/角度（A）/修剪（T）/方式（E）/多个（M）］：m//设置多次倒角

选择第一条直线或［放弃（U）/多段线（P）/距离（D）/角度（A）/修剪（T）/方式（E）/多个（M）］：//选择 GH

选择第二条直线，或按住 Shift 键选择要应用角点的直线：//选择 JK

选择第一条直线或［放弃（U）/多段线（P）/距离（D）/角度（A）/修剪（T）/方式（E）/多个（M）］：//选择 GH

选择第二条直线，或按住 Shift 键选择要应用角点的直线：//选择 MN

选择第一条直线或 [放弃（U）/多段线（P）/距离（D）/角度（A）/修剪（T）/方式（E）/多个（M）]：↙//结束命令

再设置当前倒角距离 1 和 2 的值均为 0，将直线 FF 与 QR、OP 倒直角。完成的图形如图 2-20 所示。

（2）在“修改”工具栏中单击“修剪”按钮，调用“修剪”命令，以 EF 为剪切边界，修剪掉 JK、MN 直线的下部。

命令：_trim

当前设置：投影=UCS，边=无

选择剪切边...

选择对象或<全部选择>：找到 1 个　　//选择直线 EF

选择对象：//结束选择对象

选择要修剪的对象，或按住 Shift 键选择要延伸的对象，或

[栏选（F）/窗交（C）/投影（P）/边（E）/删除（R）/放弃（U）]：　　//单击直线 JK 的下半部分

选择要修剪的对象，或按住 Shift 键选择要延伸的对象，或

[栏选（F）/窗交（C）/投影（P）/边（E）/删除（R）/放弃（U）]：　　//单击直线 MN 的下半部分

选择要修剪的对象，或按住 Shift 键选择要延伸的对象，或

[栏选（F）/窗交（C）/投影（P）/边（E）/删除（R）/放弃（U）]：　　//结束命令

（3）调整线段的长短。在“修改”工具栏中单击“打断”按钮，调用“打断”命令，将 QR、OP 直线下部剪掉。完成图形如图 2-21 所示。

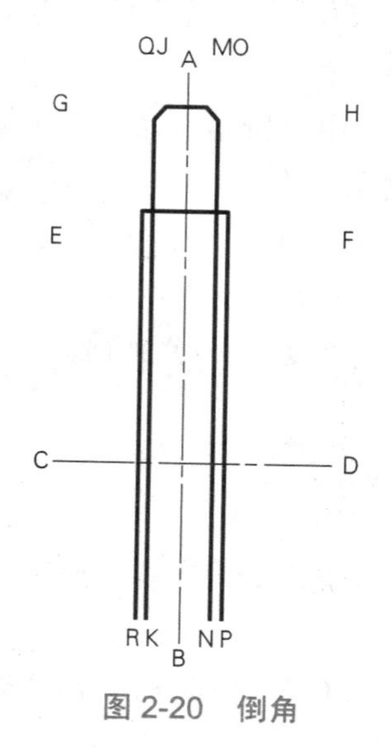

图 2-20　倒角

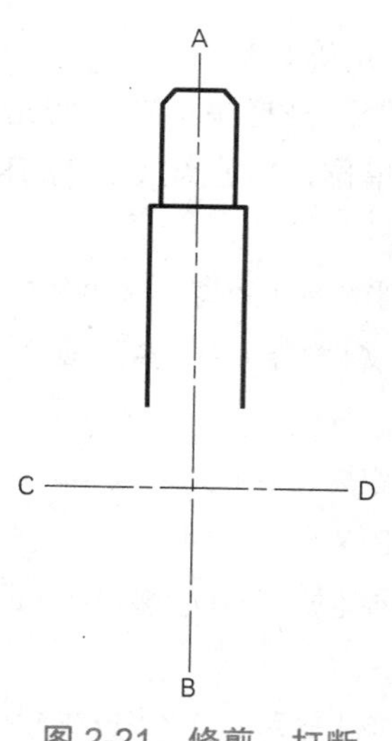

图 2-21　修剪、打断

4）绘制已知线段

（1）将“粗实线”层作为当前层，调用“直线”命令，启动对象捕捉功能，绘制直线 ST。

（2）调用“圆”命令，以直线 AB、CD 的交点 O_1 为圆心，绘制直径为Φ40 的已知圆。

（3）确定半径为 48 的圆的圆心。调用“偏移”命令，将直线 AB 向右偏移 9 个单位，再

将偏移后的直线调整到合适的长度，该直线与直线 CD 的交点为 O_2。

（4）调用“圆”命令，以交点 O_2 为圆心，绘制半径为 48 的圆。完成的图形如图 2-22 所示。

5）绘制连接圆弧 R40 和 R60

在“修改”工具栏中单击“圆角”按钮，调用“圆角”命令，设定圆角半径为 24，在直线 OP 上单击作为第一个对象，在半径为 R48 圆的右上部单击，作为第二个对象，完成 R40 圆弧连接。

同理以 R60 为半径，完成直线 QR 和直径为 Φ40 圆的圆弧连接，结果如图 2-23 所示。

6）绘制钩尖半径为 R40 的圆弧

因为 R40 圆弧的圆心纵坐标轨迹已知（距 CD 直线向下为 15 的直线上），另一坐标未知，所以属于中间圆弧。又因该圆弧与直径为 Φ40 的圆相外切，可以用外切原理求出圆心坐标轨迹。两圆心轨迹的交点即是圆心点。

（1）确定圆心。调用“偏移”命令，将 CD 直线向下偏移 15 个单位，得到直线 XY。再调用“偏移”命令，将直径为 Φ40 的圆向外偏移 40 个单位，得到与 Φ40 相外切的圆的圆心轨迹。该圆与直线 XY 的交点 O_3 为连接弧圆心。

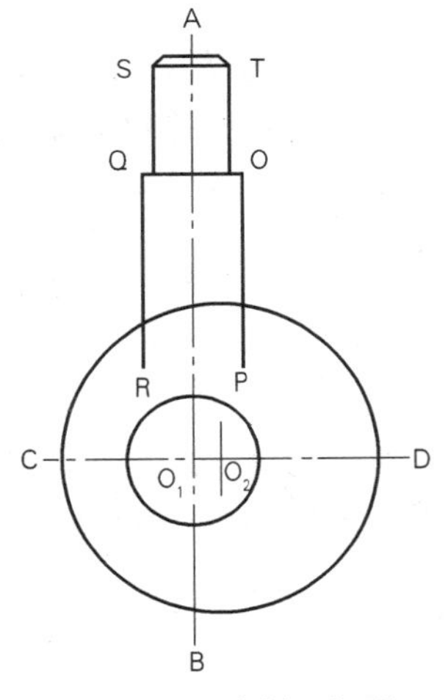

图 2-22　绘制已知圆

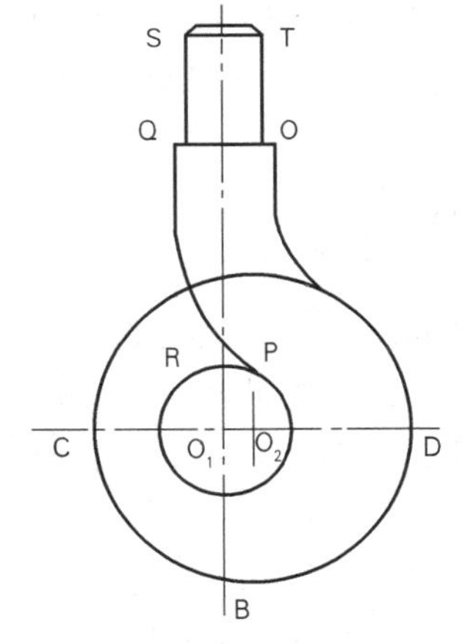

图 2-23　绘制连接圆弧

（2）绘制连接圆弧。调用“圆”命令，以 O_3 为圆心，绘制半径为 40 的圆，结果如图 2-24 所示。

7）绘制钩尖处半径为 R23 的圆弧

因为 R23 圆弧的圆心在直线 CD 上，另一坐标未知，所以该圆弧属于中间圆弧。又因该圆弧与半径为 R48 的圆弧相外切，可以用外切原理求出圆心坐标轨迹。同前面一样，两圆心轨迹的交点即是圆心点。

（1）调用“偏移”命令，将半径为 48 的圆向外偏移 23 个单位，得到与 R48 相外切的圆的圆心轨迹。该圆与直线 CD 的交点 O_4 为连接弧圆心。

（2）调用“圆”命令，以 O_4 为圆心，绘制半径为 R23 的圆，结果如图 2-25 所示。

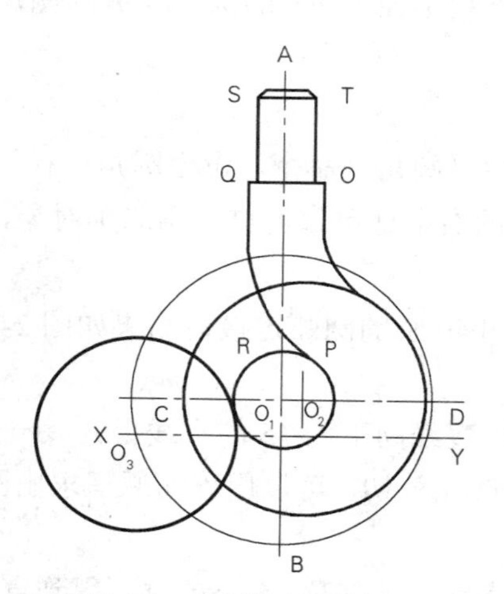

图 2-24 绘制连接圆弧 R40

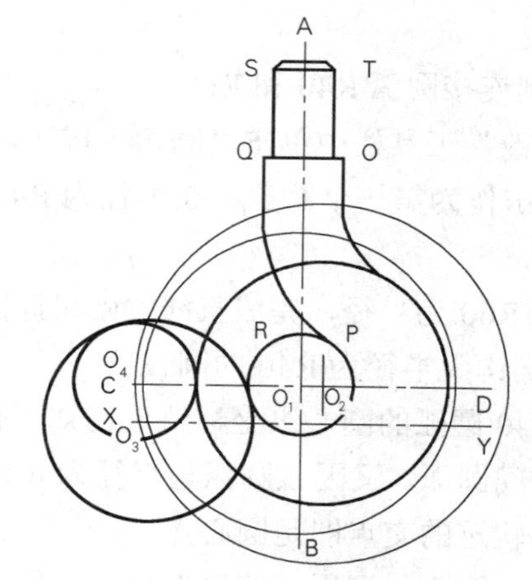

图 2-25 绘制连接圆弧 R14

8）绘制钩尖处半径为 R4 的圆弧

R4 圆弧与 R23 圆弧相外切，同时又与 R40 的圆弧相内切，因此可以用“圆角”命令绘制。

调用“圆角”命令，给出圆角半径为 4 个单位，单击半径为 R14 圆的右偏上位置，作为第一个圆角对象；单击半径为 R24 圆的右偏上位置，作为第二个圆角对象，结果如图 2-26 中云纹线中所示。

9）编辑修剪图形

（1）删除两个辅助圆。

（2）修剪各圆和圆弧成合适的长短。

（3）绘制吊钩柄部下端的圆角 R3.5。

（4）用打断的方法调整中心线的长度，完成的图形如图 2-27 所示。

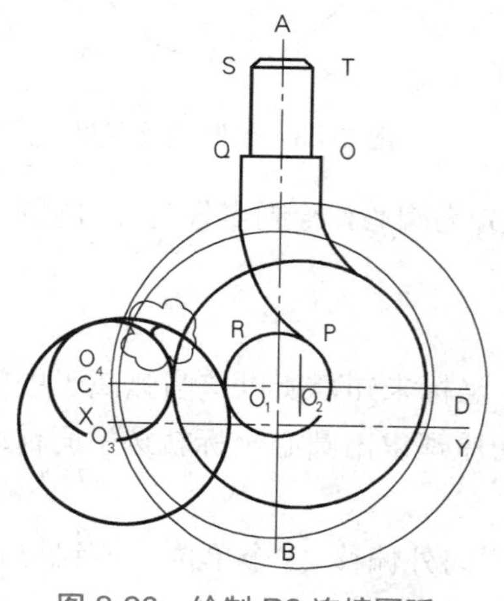

图 2-26 绘制 R2 连接圆弧

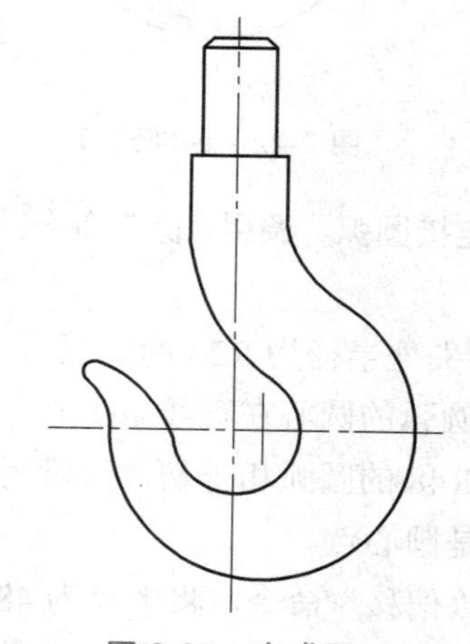

图 2-27 完成图形

任务 2.4　相关知识

2.4.1　常用绘图命令

常用绘图命令如图 2-28 绘图工具栏中所示。

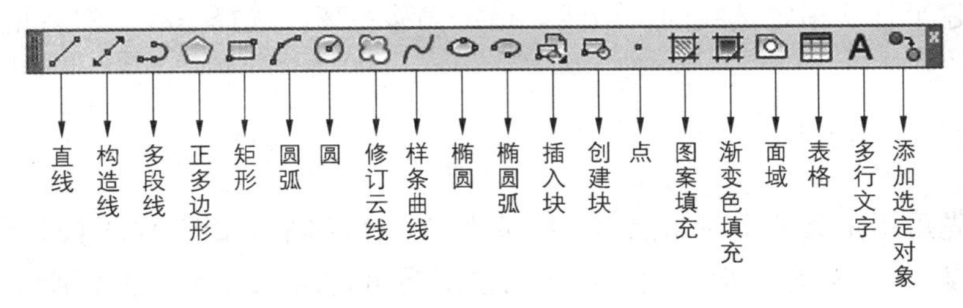

图 2-28　绘图工具栏

1. 直线

直线可以是一条线段，也可以是一系列相连的线段，但每条线段都是独立的直线对象。

绘制直线的步骤如下。

（1）从绘图工具栏上单击按钮，（或“绘图”菜单中选择“绘图”菜单中选择“直线”、选择绘图面板的按钮）。

（2）指定起点：输入直线的起点。

（3）指定端点：输入直线的端点。

（4）指定端点：连续输入各段直线段的端点。

（5）按回车键结束直线绘制。

绘制起点后命令行提示：

指定下一点或［闭合（C）/放弃（U）]：

其中备选项含义如下。

闭合：以第一条线段的起始点作为最后一条线段的端点，形成一个闭合的线段环。

放弃：删除直线序列中最近绘制的线段。

2. 构造线

构造线是一条由一点向两端无限延伸的直线，与直线一样可以进行编辑，可作为水平、竖直或给定方向的参照线。

绘制构造线的步骤如下。

（1）从绘图工具栏上单击按钮（或“绘图”菜单中选择“构造线”、面板的绘图区选择按钮)。

(2)指定一点作为中点，再指定一个通过点，回车或按右键结束命令。

执行构造线命令后可有［水平（H）/垂直（V）/角度（A）/二等分（B）/偏移（O）］几个选项，每个备选项的含义如下。

水平和垂直：创建一条经过指定点并且与当前 UCS 的 X 或 Y 轴平行的构造线。

角度：用两种方法中的一种创建构造线。或者选择一条参照线，指定它与构造线的角度，或者通过指定角度和构造线必经的点来创建与水平轴成指定角度的构造线。

二等分：创建二等分指定角的构造线。指定用于创建角度的顶点和直线。

偏移：创建平行于指定基线的构造线。指定偏移距离，选择基线，然后指明构造线位于基线的哪一侧。

3. 矩形

矩形通过先后指定其两个对角点 A、C 或者 B、D 绘制，如图 2-29（a）。在绘制矩形时可以指定其宽度，也可以在矩形的边与边之间绘制圆角（如图 2-29（b））和倒角（图 2-29（c））。

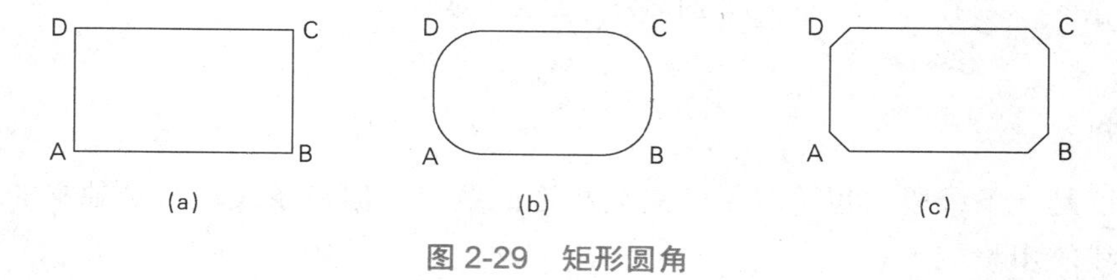

图 2-29　矩形圆角

矩形的绘制步骤如下：

(1)从绘图工具栏上单击按钮，（或“绘图”菜单中选择“矩形”、选择绘图面板的按钮）。

(2)选择备选项圆角（f）。

(3)设置圆角半径。

(4)分别指定两个对角点 A、C 或者 B、D。

4. 多段线

多段线由相连的直线段或弧线组成，并且所产生的线段是一个整体，具有宽度和厚度的信息。

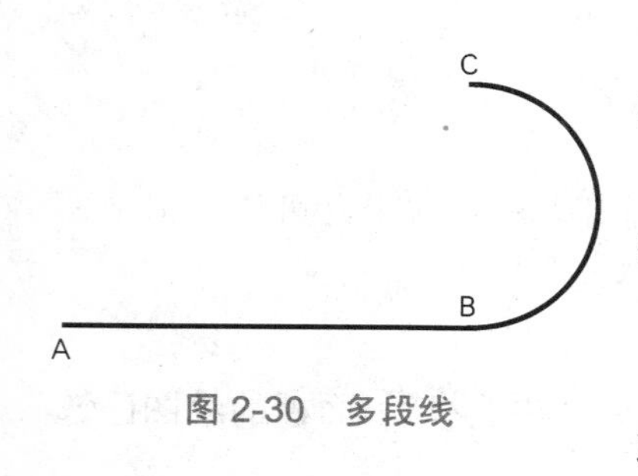

图 2-30　多段线

绘制由直线和弧线组成的多段线（如图 2-30 所示）的步骤如下。

(1)从绘图工具栏上单击按钮（或“绘图”菜单中选择“多段线”、选择绘图面板的按钮）。

(2)在屏幕上任意单击指定多段线的起点 A。

(3)输入@50，0 绘制图线至点 B。输入字母 A（ARC）或单击右键选择“圆弧”，转入绘制圆弧状态，再输入@30<90，

绘制图线至点 C。

输入“多段线”命令后，系统提示输入起点，然后显示当前线宽。接着提示要求输入下一点或输入选项，提示如下。

指定下一点或［圆弧（A）/闭合（C）/半宽（H）/长度（L）/放弃（U）/宽度（W）]：

各备选项含义为：

宽度（W）：输入字符“W”，然后输入起点宽度和终点宽度可控制多段线的宽度。

放弃（U）：输入字符“U”，可删除多段线中的最后一段。

长度（L）：绘制完圆弧后，输入字符“L”，然后输入长度值，可绘制出与圆弧相切的指定长度直线。

半宽（H）：输入字符“H”，然后输入控制多段线中心位置到侧边的宽度值，即宽度的一半。

圆弧（A）：输入字符“A”，可转入绘制圆弧方式。其提示变为：

指定圆弧的端点或［角度（A）/圆心（CE）/闭合（CL）/方向（D）/半宽（H）/直线（L）/半径（R）/第二点（S）/放弃（U）/宽度（W）]：

对此提示若直接输入圆弧的端点，可绘制出与已绘制线段相切的圆弧。其他各备选项的含义如下。

角度（A）：输入字符“A”，然后可输入圆弧的角度。注意，角度以逆时针方向为正。

圆心（CE）：输入字符“CE”，然后系统提示输入圆弧的圆心。

闭合（CL）：输入字符“CL”，封闭多段线并结束命令。注意此处要输入两个字符“CL”。

方向（D）：输入字符“D”，系统提示输入圆弧的切线方向。

直线（L）：输入字符“L”，重新转入绘制直线。

半径（R）：输入字符“R”，选择输入圆弧的半径。

第二点（S）：输入字符“S”，选择输入圆弧上的第二点。

5. 多线

多线可包含 1 条～16 条平行线，这些平行线称为元素。通过指定距多线初始位置的偏移量可以确定元素的位置。

1）绘制多线的步骤

（1）从“绘图”菜单中选择“绘图”菜单中选择“多线”。

（2）输入“j”，设置对正选项。

（3）输入对正类型，如“b”。

（4）指定起点。

（5）指定下一点。

绘制出的图形如图 2-31（a）所示。

2）对绘制出的多线进行编辑

（1）从菜单上选择“修改”→“对象”→“多线”，打开多线编辑工具对话框，如图 2-32 所示。

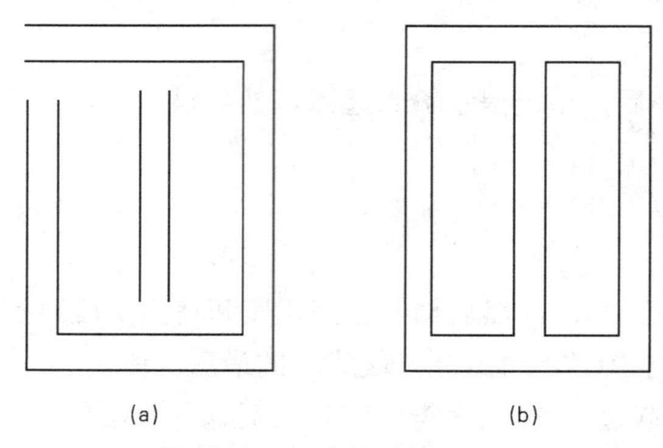

图 2-31　多线的绘制和编辑

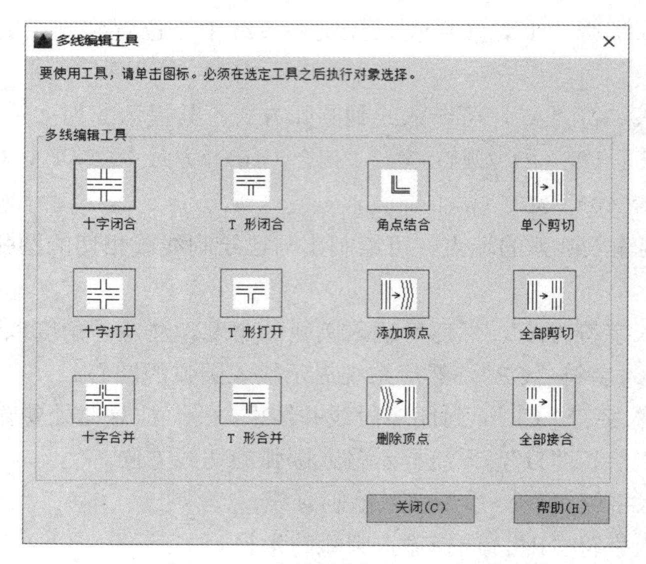

图 2-32　多线编辑工具对话框

（2）从对话框中选择“角点结合”，单击“确定”后，对话框消失。当系统提示选择第一条多线时，单击左边的线段。当提示输入第二条线段时，单击上边的线段。则对图线的左上角进行编辑。

（3）用同样的方法分别对图框中间的图线与上、下两条图线进行编辑。完成后的图形如图 2-31（b）所示。

6. 正多边形

正多边形可以用与假想的圆内接或外切的方法进行绘制，也可用指定正多边形某一边端点的方法来绘制。

图 2-33 表示了绘制正多边形的三种方法。在图 2-33（a）、（b）两例中，分别输入的是多边形的中心和其外接（内切）圆的半径，图（a）是作圆的内接正多边形，图（b）是作圆的外切正多边形。图（c）是采用输入边长的方法绘制的正多边形，1、2 两点为先后输入的两个点。

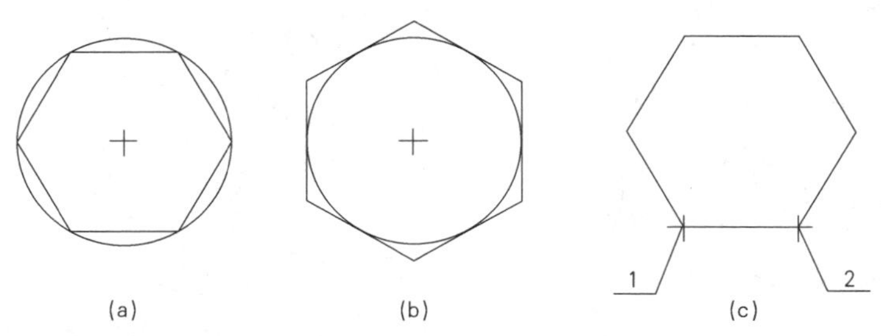

图 2-33　绘制多边形的三种方法

1）绘制内接正多边形或者外切正多边形的步骤

（1）从绘图工具栏上单击⬠按钮，（或“绘图”菜单中选择“正多边形”、选择绘图面板的⬠按钮）。

（2）输入正多边形的边数。

（3）指定正多边形的中心。

（4）输入 i（内接于圆）或者 c（外切于圆）选择绘制正多边形的方法。

（5）指定半径。

2）采用输入边长方法绘制正多边形的步骤

如果能确定多边形上两个角点的位置，则可采用输入边长的方法绘制正多边形。

（1）从绘图工具栏上单击⬠按钮。

（2）输入正多边形的边数。

（3）输入字符 e，选择采用输入边长方法。

（4）指定点 1。

（5）指定点 2，系统按照逆时针方向绘制正多边形。

7. 圆

绘制圆的方法有六种，如图 2-34 所示。

（1）圆心半径法（默认方式）：输入圆心坐标和半径，如图 2-34（a）。

（2）圆心直径法：输入圆心坐标和直径，如图 2-34（b）。

（3）两点法（2P）：输入圆周上一条直径的两端点，如图 2-34（c）。

（4）三点法（3P）：输入圆周上的三点，如图 2-34（d）。

（5）相切、相切、半径法（T）：确定与圆相切的两个实体和圆的半径，如图 2-34（e）。

（6）相切、相切、相切法：确定与圆相切的三个实体，如图 2-34（f）。此方法只能通过下拉菜单启动。

1）圆心半径法绘制圆的步骤

（1）从“绘图”菜单中选择“圆”命令，再选“圆心、半径”方式。

（2）指定圆心。

（3）指定半径。

2）相切、相切、半径法绘制圆的步骤

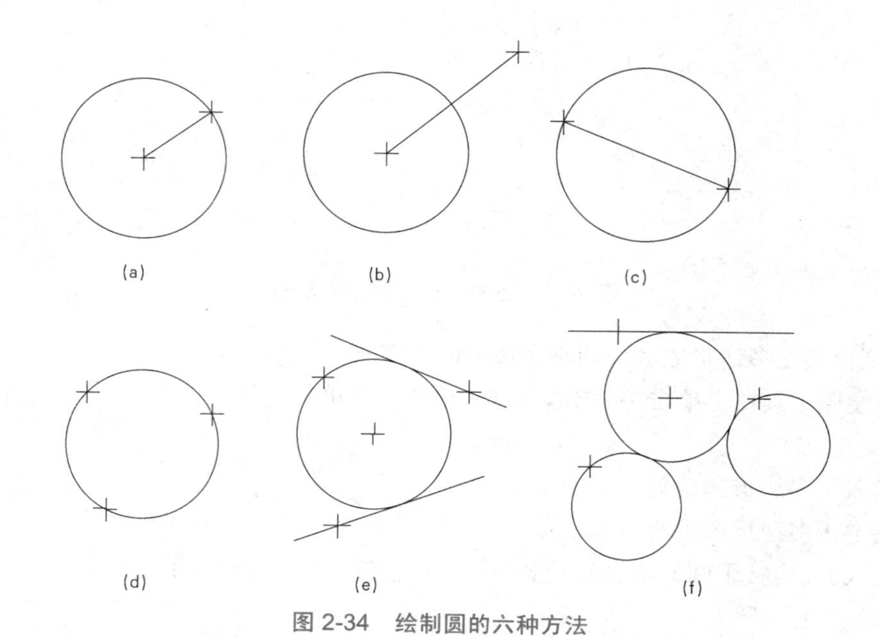

图 2-34 绘制圆的六种方法

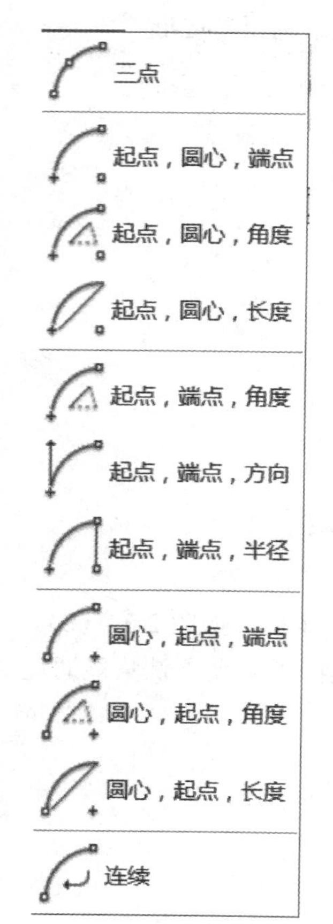

图 2-35 绘制圆弧的方法

（1）从“绘图”菜单中选择“圆”命令，再选“相切、相切、半径”方式。此时处于切点捕捉模式。

（2）选择与圆相切的第一个对象。

（3）选择与圆相切的第二个对象。

（4）指定圆的半径。

8. 圆弧

绘制圆弧有多种方法，如图 2-35 所示。默认情况下，AutoCAD 从起点到端点按逆时针方向绘制圆弧，如图 2-36 所示。

1）三点

通过指定圆弧的起点 A、弧上任一点 C、圆弧端点 B 绘制圆弧。

2）起点、圆心、端点

通过指定圆弧起点 A、圆弧所在圆的圆心 O、圆弧端点 B 来绘制圆弧。

3）起点、圆心、角度

通过指定圆弧起点 A、圆心 O、圆弧包含角度绘制圆弧。

4）起点、圆心、长度

通过指定圆弧起点 A、圆心 O、圆弧所对应弦的弦长 AB 绘制圆弧。如果指定弦长为正值，将绘制小圆弧，如图 2-37 中圆弧 1；如果指定弦长为负值，将绘制大圆弧，如图 2-37 圆弧 2。

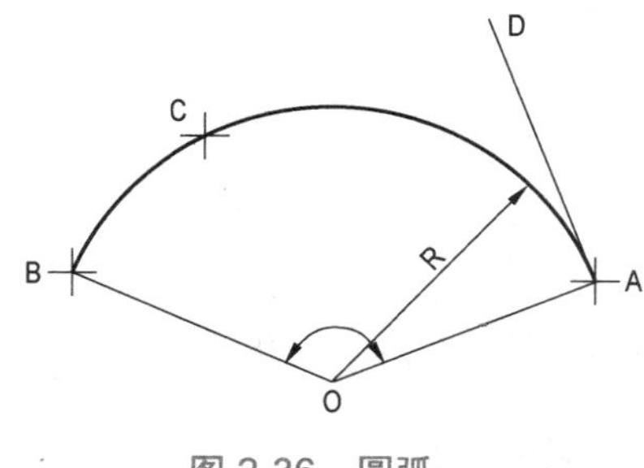

图 2-36　圆弧

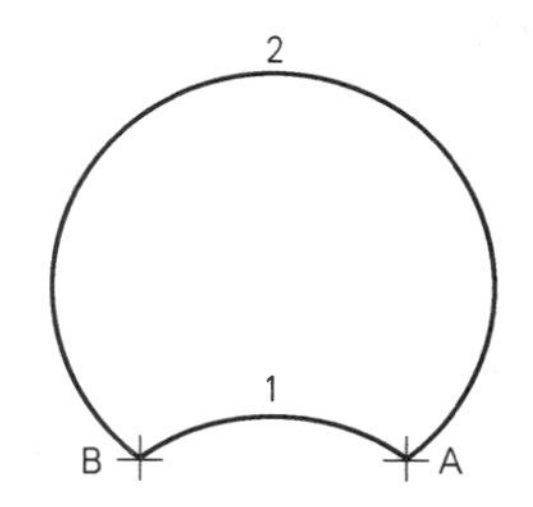

图 2-37　起点、端点、半径法绘制圆弧

5）起点、端点、半径

通过指定圆弧起点 A、端点 B、圆弧半径 R 绘制圆弧。指定圆弧半径为正值，将绘制小圆弧；指定圆弧半径为负值，将绘制大圆弧。

6）起点、端点、方向

通过指定起点 A、端点 B、圆弧切线 AD 的方向绘制圆弧。

7）继续绘制与上一圆弧相切的圆弧。

其他的方法与以上方法指定的参数相同，顺序不同。

9. 样条曲线

样条曲线是经过一系列给定点的光滑曲线。绘制机械零件图形时，经常用样条曲线绘制波浪线来表示断裂的边界。

如图 2-38 所示，通过指定点创建样条曲线的步骤如下。

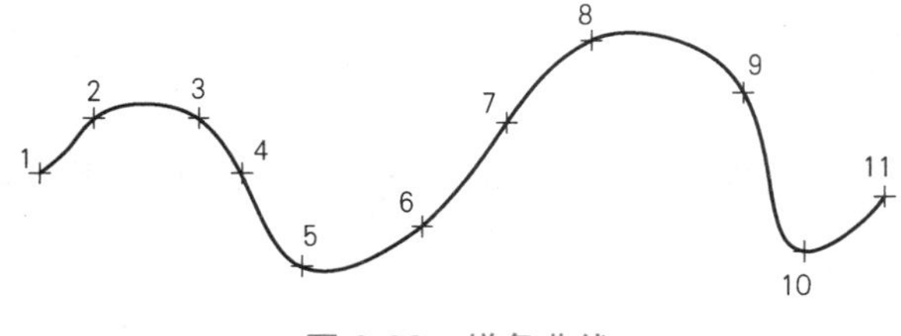

图 2-38　样条曲线

（1）从绘图工具栏上单击按钮（或“绘图”菜单中选择“样条曲线”，或面板的绘图区中选择按钮）。

（2）指定样条曲线的起点 1。

（3）依次指定插值点 2～10，直至样条曲线的终点 11，创建样条曲线，并按回车键。

（4）指定起点和终点处的切点。移动鼠标指定切点时，图线动态显示，用户可根据需要输入。

10. 椭圆和椭圆弧

绘制椭圆的方法有以下三种。

（1）轴、端点：先指定椭圆第一个轴的两个端点 A、B，再指定第二个轴的一个端点 C，如图 2-39（a）。

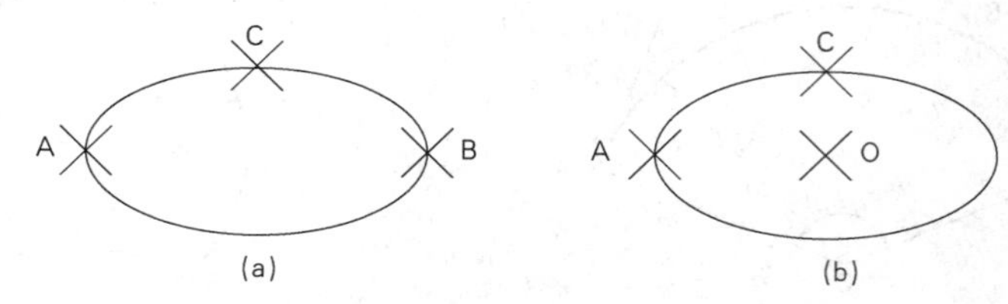

图 2-39　绘制椭圆的两种方法

（2）圆心：先指定椭圆圆心 O，再指定一个轴的端点 A，最后指定另一个轴的端点 C，如图 2-39（b）。

（3）旋转：通过绕第一条轴旋转圆来创建椭圆。该旋转角度值可为 0° 到 89.4° 中任意值。

椭圆弧为椭圆的一部分，如图 2-40 所示。绘制椭圆弧在启动椭圆弧命令后先按以上操作绘制椭圆，再指定椭圆弧的起始角和终止角。椭圆弧从起点到端点按逆时针方向绘制。

使用起点和端点角度绘制椭圆弧的步骤如下。

（1）从绘图工具栏上单击按钮（或“绘图”菜单中选择“椭圆”→“圆弧”，或面板的绘图区中选择按钮）。

（2）指定第一条轴的端点 A 和 B。

（3）指定距离以定义第二条轴的半长 C。

（4）指定起点角度 D。

（5）指定端点角度 E。

11. 图案填充

图案填充是用某种图案充满图形中指定的封闭区域，机械图样中主要是用这种方法来绘制剖面线，如图 2-41 所示。

填充封闭区域的步骤如下。

（1）单击面板上的按钮（或从“绘图”菜单中选择“图案填充”，或绘图工具栏上的按钮），打开“边界图案填充”对话框如图 2-42 所示。

（2）在“边界图案填充”对话框中选择“拾取点”，回到绘图状态。

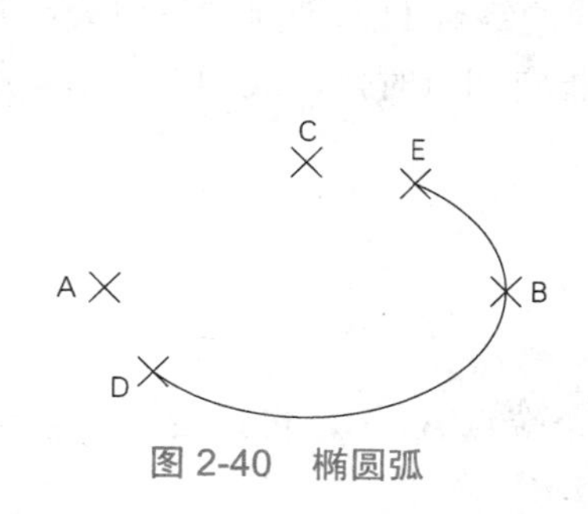

图 2-40　椭圆弧

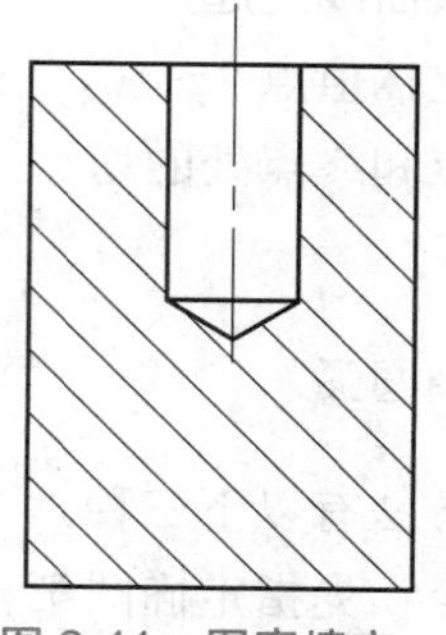
图 2-41　图案填充

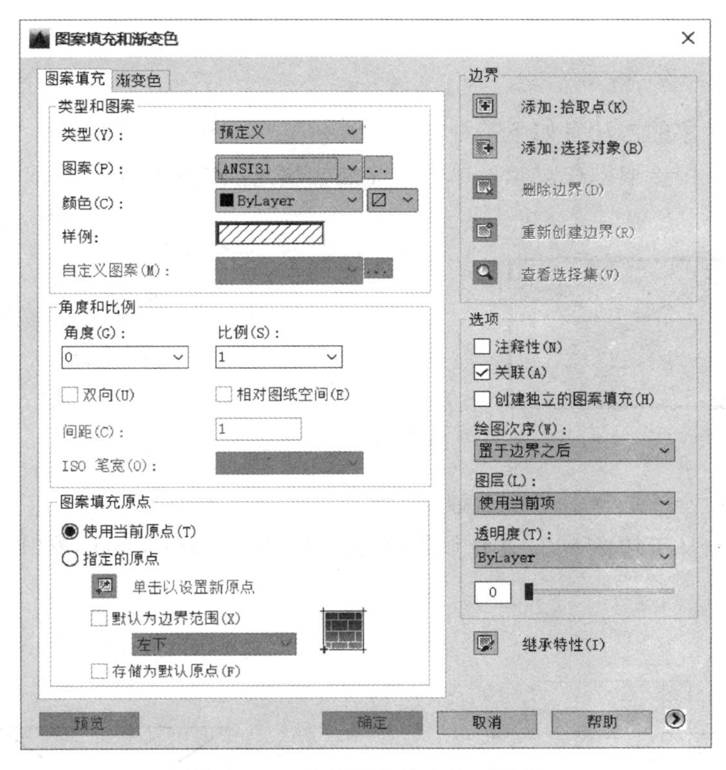

图 2-42 “边界图案填充”对话框

（3）在要填充的绘图区域中任意指定一点。一次可以选择多个封闭区域，选择完毕，单击右键选择“确定”。如果执行了错误操作，可以单击右键，然后从快捷菜单中选择“全部清除”或“放弃上次选择/拾取”。

（4）在对话框中的图案列表框中选择要填入的图案的类型。机械图样中使用最多的是ANSI31 和 ANSI37，这两个图案分别为制图标准中金属剖面和非金属剖面的符号。要预览填充图案，请单击右键，然后选择“预览”。调整对话框中的比例，即可改变填充图案的疏密程度。

（5）按回车键将返回“边界图案填充”对话框。

（6）选择“确定”将应用图案填充。

2.4.2　常用编辑命令

图形编辑命令如图 2-43 修改工具栏中所示。

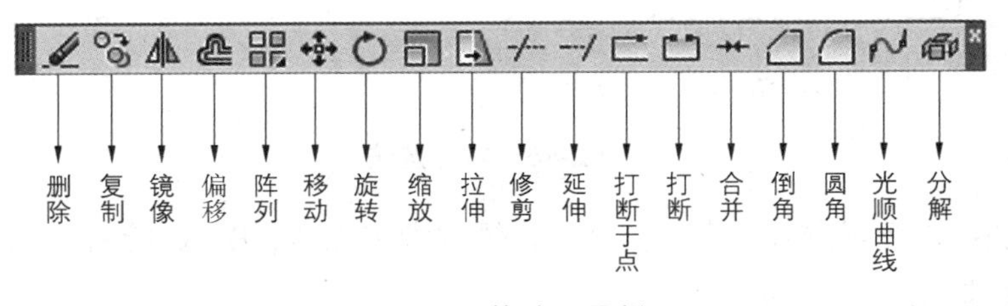

图 2-43　修改工具栏

1. 选择对象

常用的选择对象的方法有如下三种。

（1）单选法：用拾取框在对象上单击，此法一次只能选中一个对象，如图 2-44 所示。

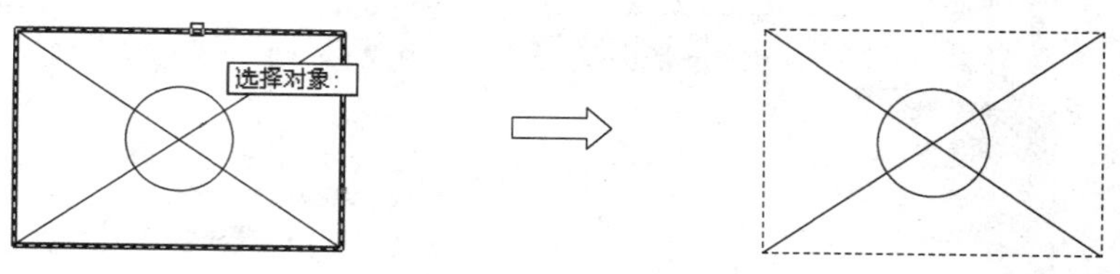

图 2-44　点选法

（2）框选法：一次选择多个图形对象。

左框选法——从左边 A 向右边 B 设置选框，只选中全部位于矩形窗口中的图形对象，如图 2-45 所示。

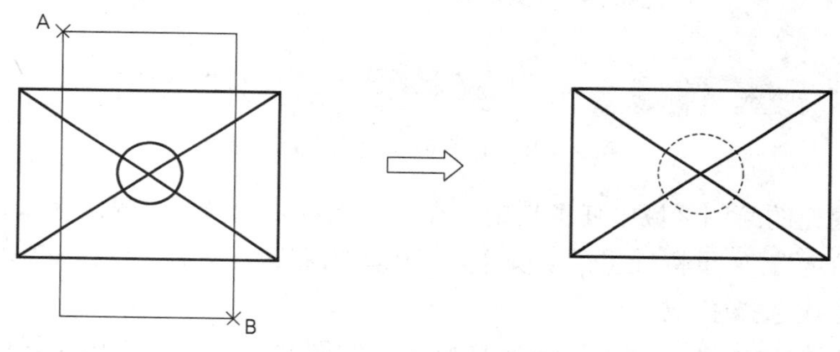

图 2-45　左框选法

右框选法——从右边 A 向左边 B 设置选框，无论全部位于矩形窗口还是部分位于矩形窗口中的图形都被选中，如图 2-46 所示。

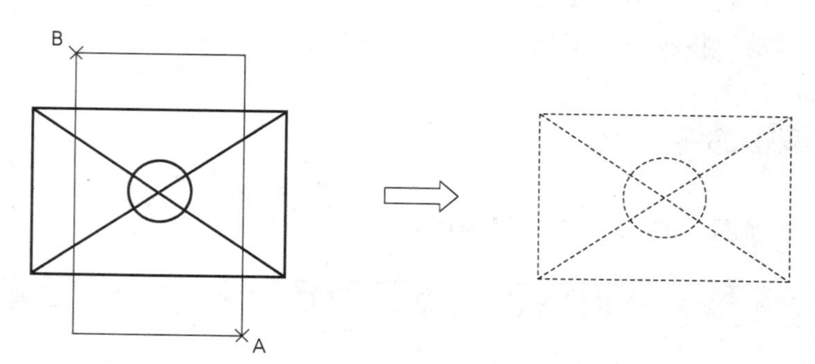

图 2-46　右框选法

（3）栏选法：在提示选择对象时输入 F，依次指定点 A、B、C 绘制直线，选中与所绘直线相交的对象，如图 2-47 所示。

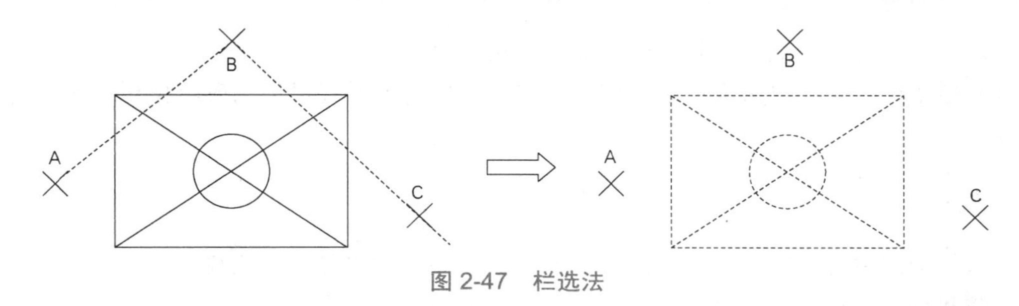

图 2-47　栏选法

在一组被选中的对象中，按下“Shift”键，用鼠标单击某对象可取消选择，被选择的对象显示为虚线。

2. 编辑对象特性

AutoCAD 提供了两个可以很方便地编辑图层、颜色、线型和线宽等对象特性的工具。

1）“对象特性”工具栏

可用如图 2-48 所示“对象特性”工具栏上的控件按钮快速地查看或改变对象图层的颜色、线型、线宽。

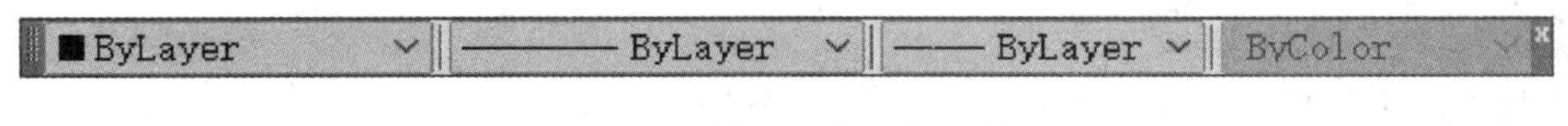

图 2-48　“对象特性”工具条

2）“特性”窗口

单击“特性”窗口标准注释工具栏中的按钮时，AutoCAD 显示“特性”窗口，如图 2-49 所示。

3. 删除

可以使用以下各种方法删除对象。

（1）单击修改工具栏中的按钮（或“修改”菜单中选择“删除”、从面板的二维绘图区上单击按钮）。然后选择要删除的对象，最后按回车确认。

（2）无命令执行时，先选择对象，然后单击按钮或者按键盘上的 Delete 键。

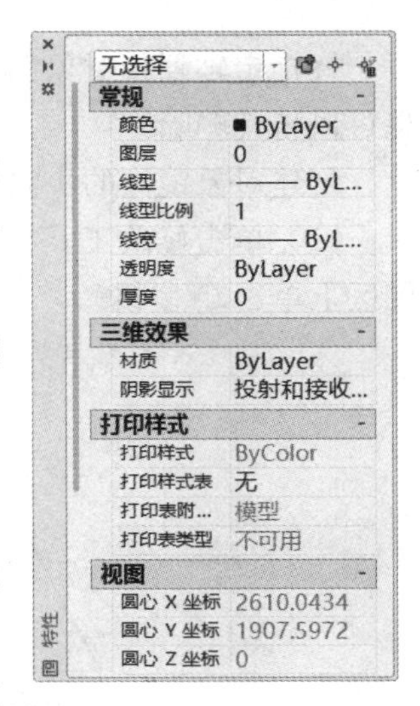

图 2-49　“特性”窗口

4. 复制

复制命令可以在当前图形内复制单个或多个对象，也可以在其他应用程序与图形之间进行复制。复制对象的步骤如下。

（1）单击修改工具栏的按钮（或“修改”菜单中选择“复制”、从面板的二维绘图区选择按钮）。

（2）选择对象。

（3）指定基点，该点将作为复制对象时的定位点。

（4）指定第二点即对象需要复制到的位置，使用对象捕捉可以精确定位至该点，可以多重复制。

5. 偏移

偏移用于创建与选定对象平行的新对象，被偏移的对象可以是直线、圆、圆弧、矩形、椭圆、椭圆弧、以指定的距离偏移对象的步骤如下。

多段线和样条曲线等，如图 2-50 所示。

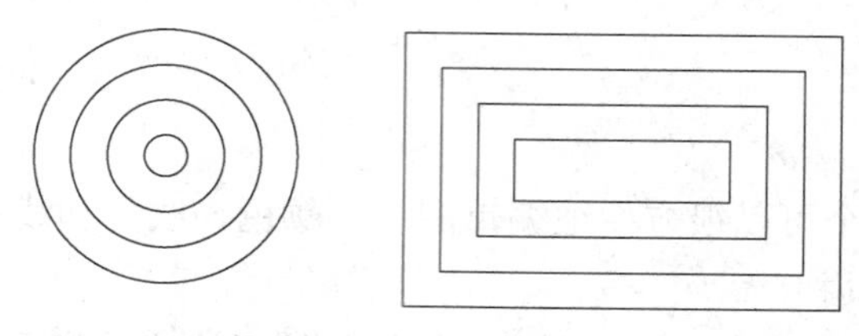

图 2-50　偏移对象

（1）单击修改工具栏的按钮（或“修改”菜单中选择“偏移”、从面板的二维绘图区选择按钮）。

（2）用定点设备指定偏移距离，或输入一个值。

（3）选择要偏移的对象。

（4）指定要偏移的方位。

（5）选择另一个要偏移的对象，或按回车键结束命令。

6. 镜像

绕指定轴翻转对象创建对称的镜像图像，如图 2-51 所示，镜像完成后，可以保留源对象也可以将其删除。

创建对象镜像的步骤如下。

（1）单击修改工具栏上的按钮（或从“修改”菜单中选择“镜像”、从面板的二维绘图区上单击按钮）。

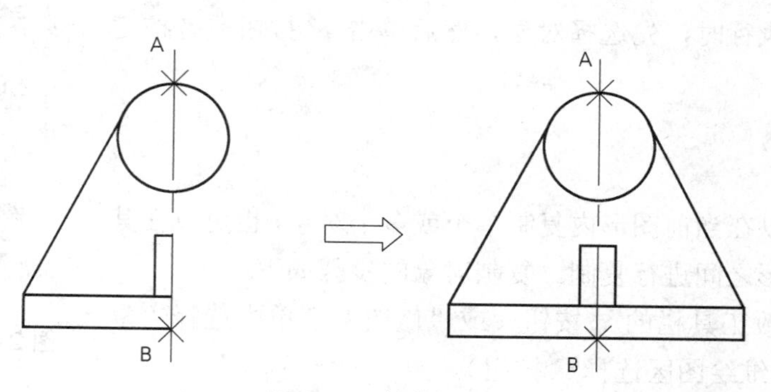

图 2-51　镜像图形

（2）选择要创建镜像的对象。

（3）指定镜像直线上的任意两点，如第一点 A、第二点 B。

（4）选择是否删除源对象。

7. 阵列

阵列是指多重复制图形对象，并把这些图形对象按环形或矩形排列，包括环形阵列和矩形阵列两种。

1）创建环形阵列

如图 2-52 所示是一个垫片，垫片中的孔围绕 O 点成环形排列。环形阵列的步骤如下。

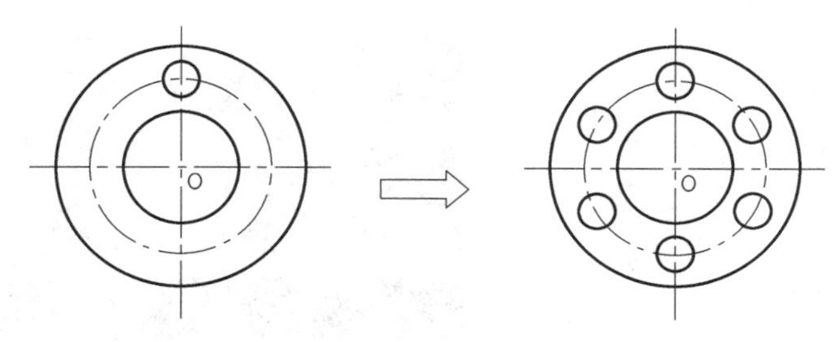

图 2-52　环形阵列

（1）鼠标左键单击修改工具栏的按钮并按住不放，在出现的下拉菜单中选择（或“修改”菜单中选择“阵列”—“环形阵列”，或在功能区的修改区域上单击按钮）。

（2）在绘图区单击需要进行阵列的对象，可一次选择一个或多个对象，按回车键确认。

（3）在绘图区指定环形阵列的中心点或旋转轴。

（4）指定旋转轴后一般会自动出现若干个对象组成的环形阵列，此时在光标右下角出现的命令框 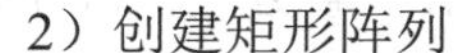

空白处输入“i”，按回车键，再输入需要进行环形阵列的对象数量（本例为 6）。

（5）按回车键，即按对象的排列顺序旋转对象。

（6）若需对环形阵列进行修改，双击生成的环形阵列，弹出如图 2-53 所示的对话框，按需要修改“方向”“项数”“项目间的角度”“填充角度”等项目即可（注意，“项数”“项目间的角度”“填充角度”三项只需填两项即可，第三项系统会自动计算）。

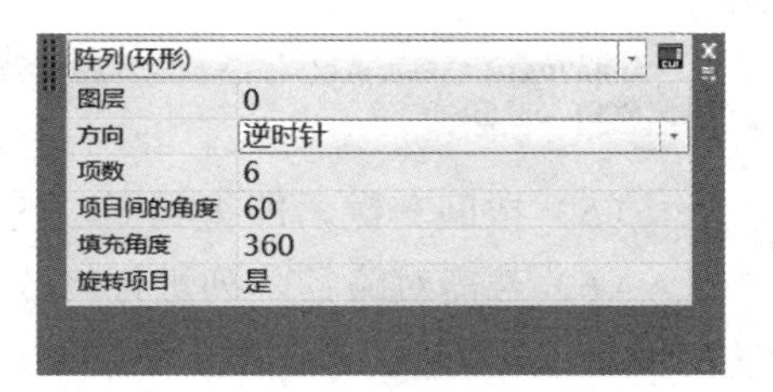

图 2-53　“环形阵列修改”对话框

2）创建矩形阵列

如图 2-54 为螺钉矩形阵列的示例，该阵列有两行两列。

创建矩形阵列的步骤如下。

（1）鼠标左键单击修改工具栏的按钮并按住不放，在出现的下拉菜单中选择（或“修改”菜单中选择“阵列”—“矩形阵列”，或在面板的二维绘图区上单击按钮)。

（2）在绘图区单击需要进行阵列的对象，可一次选择一个或多个对象，按回车键确认。

（3）确认对象后一般会自动出现若干个对象组成的矩形阵列，此时在命令行输入要修改的相应项目的字母（下方所示)，按回车键，再输入修改的数值。

ARRAYRECT 选择夹点以编辑阵列或 [关联(AS) 基点(B) 计数(COU) 间距(S) 列数(COL) 行数(R) 层数(L) 退出(X)] <退出>:

（5）按回车键，即得到需求的矩形阵列。

（6）若需对矩形阵列进行修改，双击生成的矩形阵列，弹出如图 2-55 所示的对话框，按需要修改“列”“列间距”“行”“行间距”等项目即可。

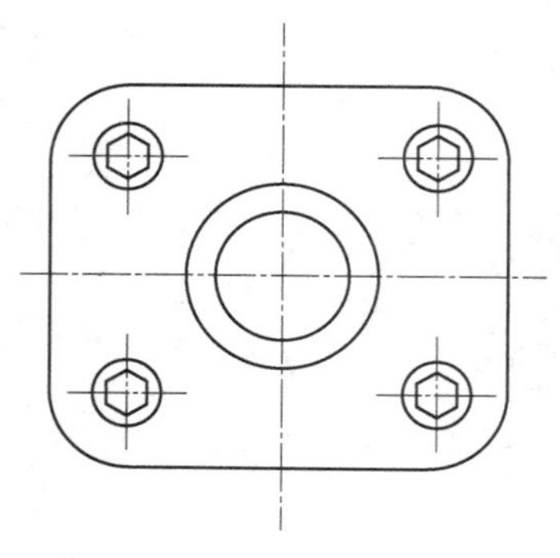

图 2-54　矩形阵列图

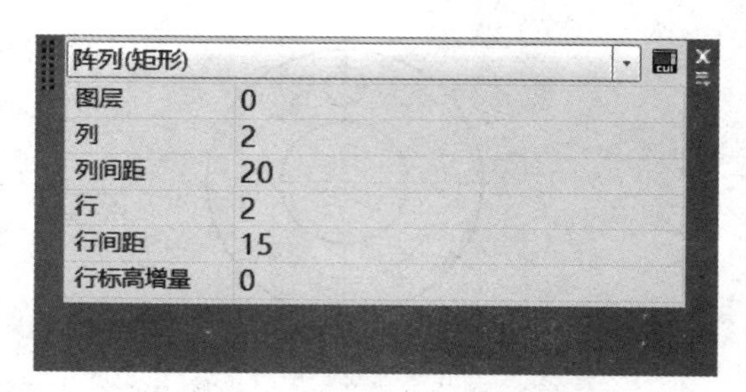

图 2-55　“矩形阵列修改”对话框

3）创建路径阵列

如图 2-56 所示，若想让某一对象沿某条路径排列，可以创建路径阵列。

创建路径阵列的步骤如下。

（1）鼠标左键单击修改工具栏的按钮并按住不放，在出现的下拉菜单中选择（或“修改”菜单中选择“阵列”—“路径阵列”，或在面板的二维绘图区上单击按钮)。

（2）在绘图区单击需要进行阵列的对象，可一次选择一个或多个对象，按回车键确认。

（3）选择路径曲线，之后一般会自动出现若干个对象沿路径排列的阵列，此时在命令行输入要修改的相应项目的字母（下方所示)，按回车键，再输入修改的数值。

ARRAYPATH 选择夹点以编辑阵列或 [关联(AS) 方法(M) 基点(B) 切向(T) 项目(I) 行(R) 层(L) 对齐项目(A) z 方向(Z) 退出(X)] <退出>:

（5）按回车键，即得到需求的路径阵列。

（6）若需对路径阵列进行修改，双击生成的路径阵列，弹出如图 2-57 所示的对话框，按需要修改“方式”“项数”“项目间距”“起点偏移”等项目即可（注意，“项数”“项目间距”两项只需填一项即可，另一项系统会自动计算)。

图 2-56　路径径阵列图

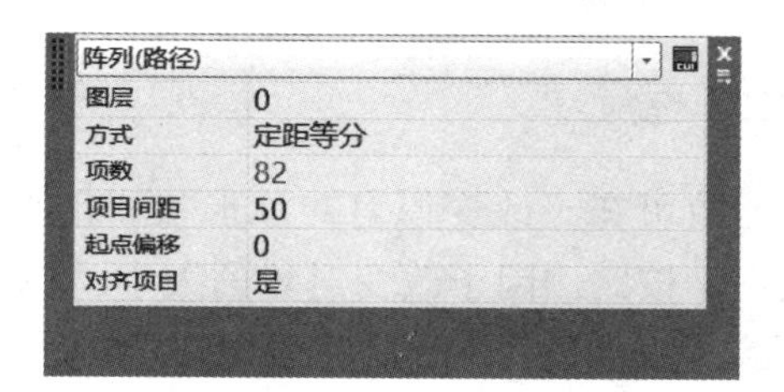

图 2-57　“路径阵列修改”对话框

4）创建矩形阵列及环形阵列的传统方式

熟悉 AutoCAD 2016 之前版本通过“阵列对话框”创建阵列的读者可以在命令对话框输入命令“ARRAYCLASSIC”，按回车键弹出“阵列对话框”。

8. 移动

移动对象的步骤如下。

（1）单击修改工具栏按钮（或“修改”菜单中选择“移动”，或从面板的二维绘图区上单击按钮）。

（2）选择要移动的对象。

（3）指定移动的基点。可以从键盘上输入移动基点的坐标或位移距离。

（4）指定第二个位移点。

9. 旋转

一般旋转对象的步骤如下。

（1）单击修改工具栏中的按钮（或“修改”菜单中选择“旋转”、从面板的二维绘图区上单击按钮）。

（2）选择要旋转的对象。

（3）指定旋转的基点。

（4）指定旋转角度。

如图 2-58 所示是将一个图形旋转 45° 的前后情况。

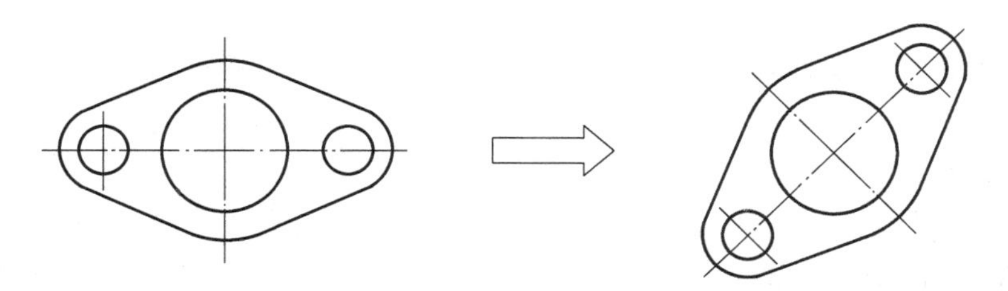

图 2-58　旋转对象

在第（3）步后输入“c（复制）”，再设置旋转角度，可完成旋转复制对象，如图 2-59 所示。

10. 缩放

缩放可在不改变原有对象形状和基点位置的情况下，按比例因子改变对象的大小。

缩放的步骤如下。

（1）单击修改工具栏中的按钮（或“修改”菜单中选择“缩放”，或从面板的二维绘图区上单击按钮）。

（2）选择要缩放的对象。

（3）指定基点。

（4）输入比例因子，按回车键。

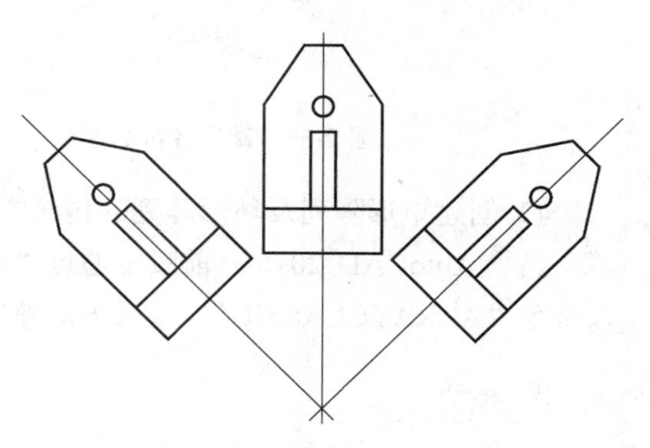

图 2-59　旋转复制对象

比例因子就是缩小或放大的比例，是一个正数。比例因子等于 1 时，图形大小不变；比例因子小于 1 时，图形缩小；比例因子大于 1 时，图形放大。

在提示“指定比例因子或［复制（C）/参照（R）］<1.0000>：”时，输入 R，需要指定两个参照长度，用其比值作为比例因子缩放对象；输入 C，则在缩放对象的同时复制对象。

11. 拉伸

拉伸是通过移动对象的一部分，同时保持移动部分与未移动部分的连接，以达到改变图形形状的目的。

如图 2-60 所示，拉伸对象的步骤如下。

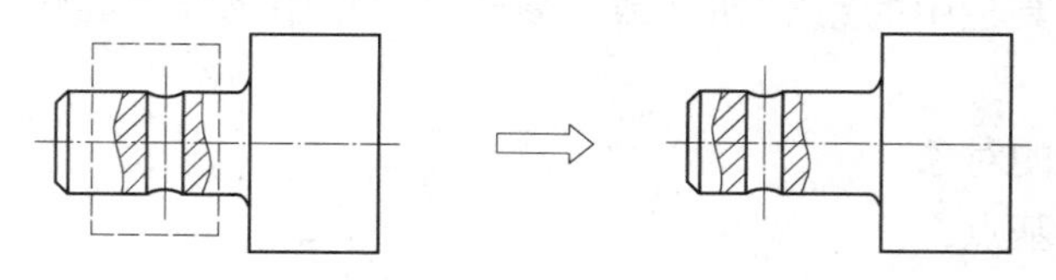

图 2-60　拉伸对象

（1）单击修改工具栏中的按钮（或“修改”菜单中选择“拉伸”，或从面板的二维绘图区上单击按钮）。

（2）用交叉窗口（右框选法）选择对象（图中用虚线方框表示）。

（3）指定基点。

（4）指定位移点。

注意：选择拉伸对象时要用右框选法进行选择，拉伸过程中完全被包围在方框中的图形对象整体移动（如图中的孔轮廓、剖面线、波浪线等），与方框相交的图线（图中轴的轮廓线）自动伸缩。

12. 修剪

修剪命令可以剪去图形对象中超出剪切边的多余部分。就像剪刀裁剪物品一样，图形对象相当于被裁剪的物品，选取的剪切边相当于剪刀。修剪的关键是选取剪切边和修剪对象，可以一次选择一个，也可以一次选择多个。剪切边和修剪对象可以是直线、圆弧、圆、多段线、椭圆、样条曲线等。

如图 2-61 所示，修剪对象的步骤如下。

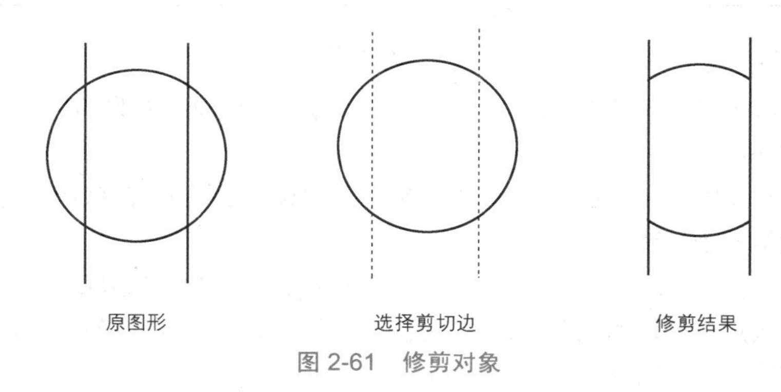

图 2-61　修剪对象

（1）单击修改工具栏中的按钮（或“修改”菜单中选择“修剪”，或从面板的二维绘图区上单击按钮）。

（2）选择剪切边（两条直线），按回车键，结束剪切边选择。

（3）单击需要除掉的部分（两边圆弧），按回车键，结束命令。

13. 延伸

延伸是将没有达到边界线的对象拉长，使其与其他对象相交，延伸的对象是直线和圆弧。

如图 2-62 所示，延伸对象的步骤如下。

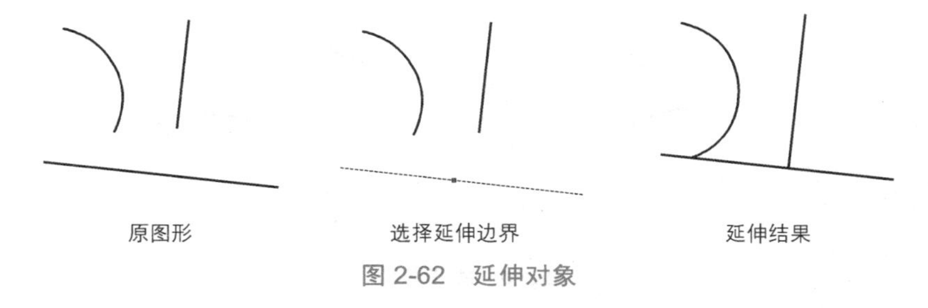

图 2-62　延伸对象

（1）单击修改工具栏中的按钮（或“修改”菜单中选择“延伸”，或从面板的二维绘图区上单击按钮）。

（2）选择作为边界的对象，然后按回车键。

（3）选择要延伸的对象（分别单击圆弧和直线下端），按回车键结束命令。

14. 打断

打断是将原本一个对象变成两个对象。选择“打断”可将两个指定点之间的对象部分删除。而选择“打断于点”，则只将对象一分为二，并不删除某个部分。打断的对象可以是直线、圆、圆弧、多段线、椭圆、样条曲线、参照线和射线等。如果打断圆或者圆弧，程序将按逆时针方向删除圆上第一个打断点到第二个打断点之间的部分。

如图 2-63 所示，打断对象的步骤如下。

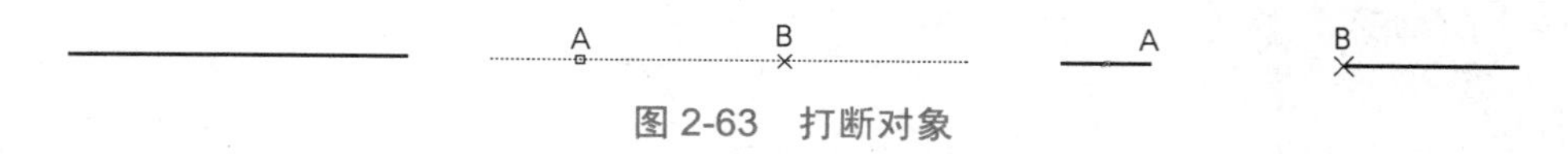

图 2-63　打断对象

（1）单击修改工具栏中的按钮（或“修改”菜单中选择“打断”，或从面板的二维绘图区上单击按钮）。

（2）选择要打断的对象（在 A 点处单击鼠标左键选择直线）。在默认情况下，在对象上选择的点将成为第一个打断点。

（3）在对象上指定第二个打断点（在 B 点处单击鼠标左键）。如果第二个点不在对象上，将选择对象上与该点最接近的点；因此，要打断直线、圆弧或多段线的一端，可以在要删除的一端附近指定第二个打断点。

15. 合并

合并是将相似的多个同类对象合并为一个对象。被合并的对象包括圆弧、椭圆弧、直线、多线段和样条曲线。直线对象必须共线（位于同一无限长的直线上），圆弧对象必须位于同一假想的圆上，如图 2-64 所示。

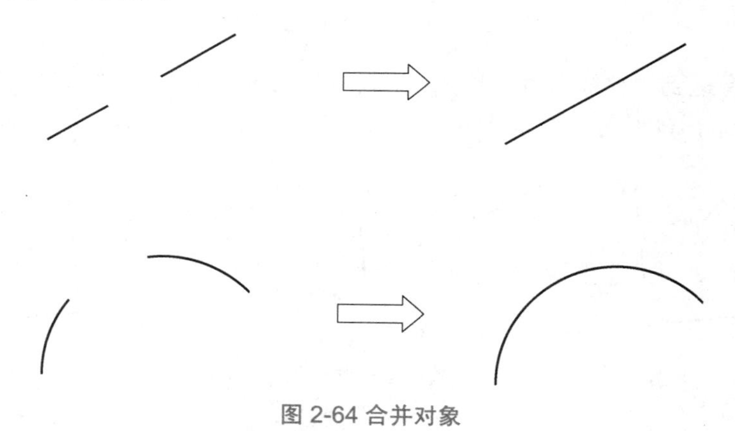

图 2-64 合并对象

合并对象的步骤如下。

（1）单击修改工具栏中的按钮（或“修改”菜单中选择“合并”，或从面板的二维绘图区上单击按钮）。

（2）选择要合并对象的源对象。

（3）选择要合并到源对象中的一个或多个对象，按回车结束命令。

16. 倒角

倒角命令可以连接两个非平行的对象，通过延伸或修剪使它们相交或利用斜线连接。倒角的对象可以为直线、多段线、参照线和射线，如图 2-65 所示。

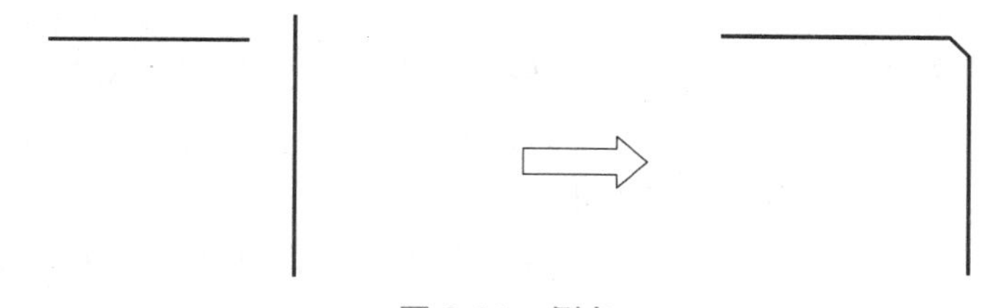

图 2-65 倒角

倒角的步骤如下。

（1）单击修改工具栏中的按钮（或“修改”菜单中选择“倒角”，或从面板的二维绘图区上单击按钮）。

（2）通过命令行“[多段线（P）/距离（D）/角度（A）/修剪（T）/方式（M）/多个（U）]”的这些选项设置倒角距离或倒角角度等。

（3）选择第一条倒角直线。

（4）选择第二条倒角直线。

17. 圆角

圆角就是用一个指定半径的圆弧光滑地连接两个对象。圆角命令还可以对圆、圆弧或椭圆应用绘制连接弧。给两条直线段倒圆角的步骤如下。

（1）单击修改工具栏中的按钮（或“修改”菜单中选择“圆角”，或从面板的二维绘图区上单击按钮）。

（2）通过命令行“[多段线（P）/半径（R）/修剪（T）/多个（U）]”的提示，设置圆角半径或修剪模式等。

（3）选择第一条直线。

（4）选择第二条直线。

图 2-66（b）所示为修剪模式下，对图 2-66（a）所示对象倒圆角后的结果。图 2-66（c）所示为不修剪方式下，对图 2-66（a）所示对象倒圆角后的结果。

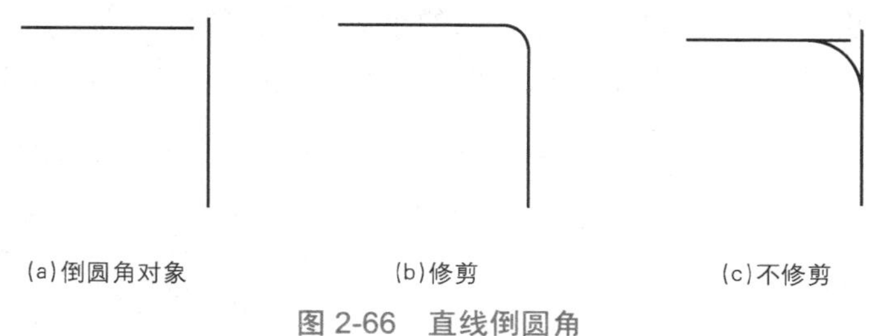

(a)倒圆角对象　　(b)修剪　　(c)不修剪

图 2-66 直线倒圆角

18. 分解

使用分解对象功能，可以将多段线、标注、图案填充或块参照等合成对象转换为单个的元素。例如，分解多段线将其分为简单的线段和圆弧。

分解对象的步骤如下。

（1）单击修改工具栏中的按钮（或“修改”菜单中选择“分解”、从面板的二维绘图区上单击按钮）。

（2）选择要分解的对象，按回车键结束命令。

一个被分解的对象看起来与原有对象没有任何不同，但其颜色、线型和线宽可能改变。分解多段线时，AutoCAD 将清除关联的宽度信息。

2.4.3 AutoCAD 坐标和数据的输入方式

1. 坐标系

AutoCAD 中有两种坐标系：世界坐标系（WCS）和用户坐标系（UCS）。AutoCAD 的默认坐标系是世界坐标系（WCS）。

2. AutoCAD 的坐标

用户在绘图的时候，需要对点的坐标进行输入，在 AutoCAD 中，用户输入点的坐标时可以根据不同的已知条件采用不同的坐标输入方式。

1）直角坐标

（1）绝对直角坐标：是输入点相对坐标原点（0，0，0）的坐标，确定某点在 X、Y、Z 轴的位置。输入点的绝对坐标的格式为“X，Y，Z”。用户在绘制二维图形时，系统自动将 Z 坐标忽略，即将其值分配为 0，可省略。如图 2-67 所示，A 点的坐标为 100，150。

（2）相对直角坐标：点相对于前一个输入点的坐标。输入点的相对坐标的格式为“@X，Y”。例如“@10，18”表示点的坐标相对于上一个输入点 X 坐标增加了 10，Y 坐标增加了 18。在相对直角坐标中 X、Y 为负值说明当前输入点的坐标比上一输入点的坐标减小了。

2）极坐标

（1）绝对极坐标：点相对坐标原点的距离和角度，距离为该点与坐标原点间的距离ρ，角度为两点连线与 X 轴正方向间的角度φ。输入点的绝对极坐标的格式为“$\rho<\varphi$”，如图 2-68 所示。例如“10<30”，表示点的位置相对于坐标原点的距离ρ为 10，角度φ为 30°。

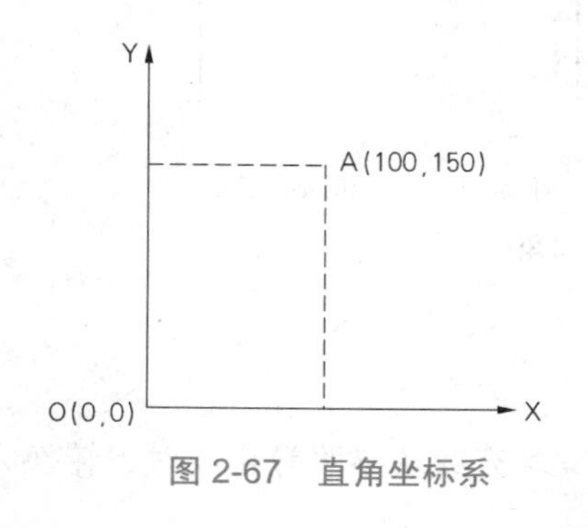

图 2-67　直角坐标系

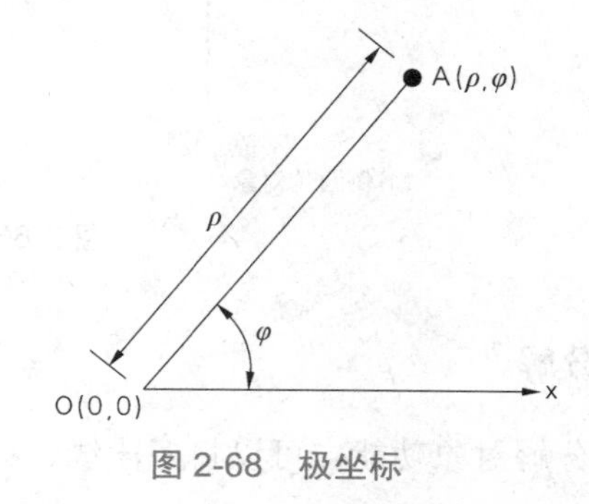

图 2-68　极坐标

（2）相对极坐标：点相对于前一输入点的距离和角度。输入点的相对极坐标的格式为”@距离＜角度”。例如“@10＜30”表示该点到上一输入点的距离为 10，两点间的连线与 X 轴正方向间的角度为 30°。

AutoCAD 默认角度设置为：水平向右方向为 0° 方向，逆时针为正，顺时针为负。

3. 点的输入方式

在绘图过程中，常需要输入点的位置，AutoCAD 提供了以下几种输入点的方式。

（1）单击鼠标左键在屏幕上直接取点；

（2）输入点的坐标；

（3）方向距离输入，使用这种方法时首先确定直线的第一点，然后移动光标指示画线方向并输入距离，即可绘制出所需直线。当正交模式或极轴模式打开时，方向距离输入是画直线的一种非常快速的方法。

4. 精确绘图的设置

精确绘图主要是保证在绘图过程中光标精确定位，提高绘图效率，其主要控制按钮在绘图区下方的状态栏，如图 2-69 所示，按钮按下表示该功能打开。以下介绍的各功能只能作为绘图时的辅助工具，不能单独起作用。

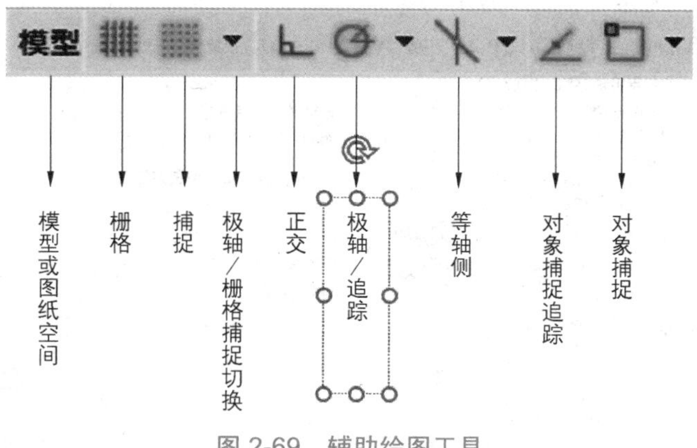

图 2-69　辅助绘图工具

1）栅格

如图 2-70 所示，栅格是点或线的矩阵，遍布指定为栅格界限的整个区域。使用栅格类似于在图形下放置一张坐标纸。利用栅格可以对齐对象并直观显示对象之间的距离。栅格不被打印。

2）捕捉

捕捉模式用于限制十字光标，使其按照用户定义的间距移动。当“捕捉”模式打开时，光标似乎附着或捕捉到不可见的栅格。

3）正交

可以将光标限制在水平或垂直方向上移动。打开状态栏中的，用鼠标控制直线方向，直接输入直线的长度即可绘制水平或垂直的直线。

4）极轴追踪

使光标按指定角度进行移动。打开极轴追踪，当光标移到指定点时，将显示极轴追踪虚线和极轴追踪角度。在状态栏中的“极轴”上单击右键，选择“设置”，如图 2-71 所示，打开如图 2-72 所示的“草图设置对话框”，在增量角中可以设置追踪角度或在附加角中新建特殊的追踪角度。增量角用来设置显示极轴追踪对齐路径的极轴角增量。附加角度是绝对的，而非增量的。

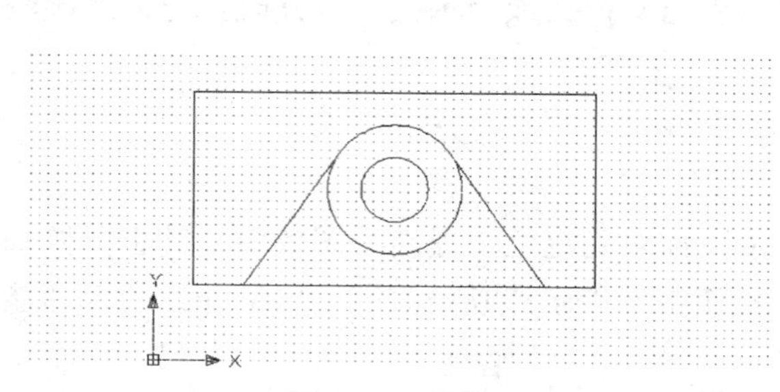

图 2-70　栅格

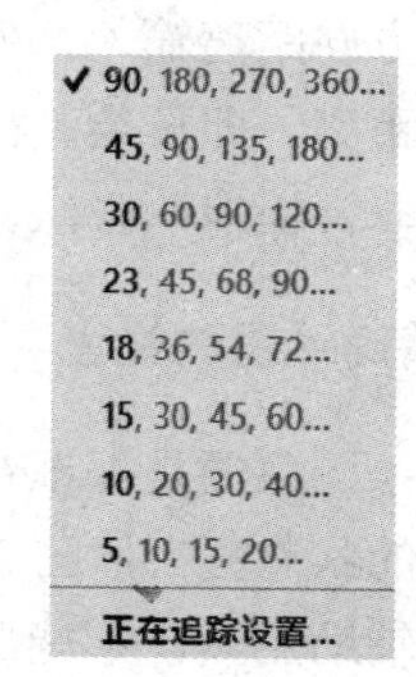

图 2-71　打开极轴设置窗口

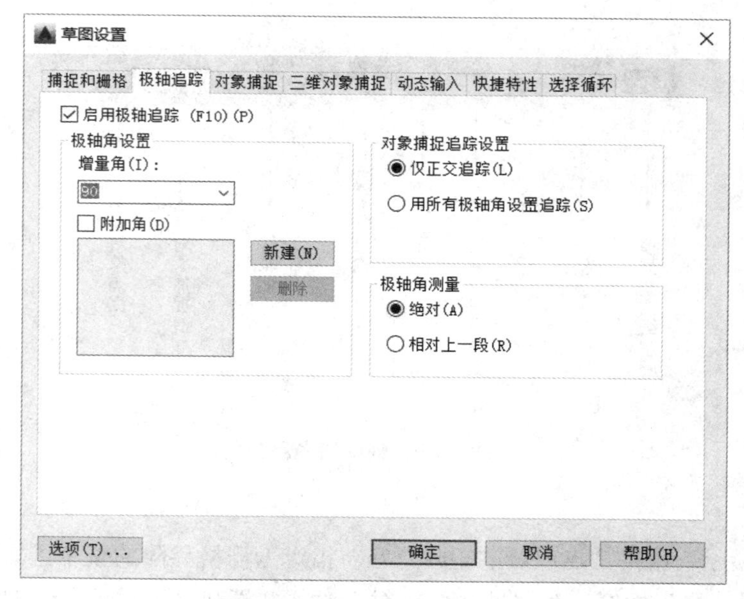

图 2-72　设置极轴追踪角度

5）对象捕捉

使用对象捕捉可指定对象特殊位置上的点。例如，使用对象捕捉可以捕捉到圆心、切点、垂足等特殊位置。单击状态行“对象捕捉”旁边的下拉三角按钮，打开如图 2-73 所示的菜单，可以设置绘图或编辑时常用的执行对象捕捉。此外，也可单击“对象捕捉设置”，打开

“草图设置”对话框，可以设置绘图或编辑时常用的执行对象捕捉，如图 2-74 所示。可以在“草图设置”对话框的“对象捕捉”选项卡中指定一个或多个执行对象捕捉。如果启用多个执行对象捕捉，则在一个指定的位置可能有多个对象捕捉符合条件。在指定点之前，按 TAB 键可遍历各种可能选择。

图 2-73　设置对象捕捉

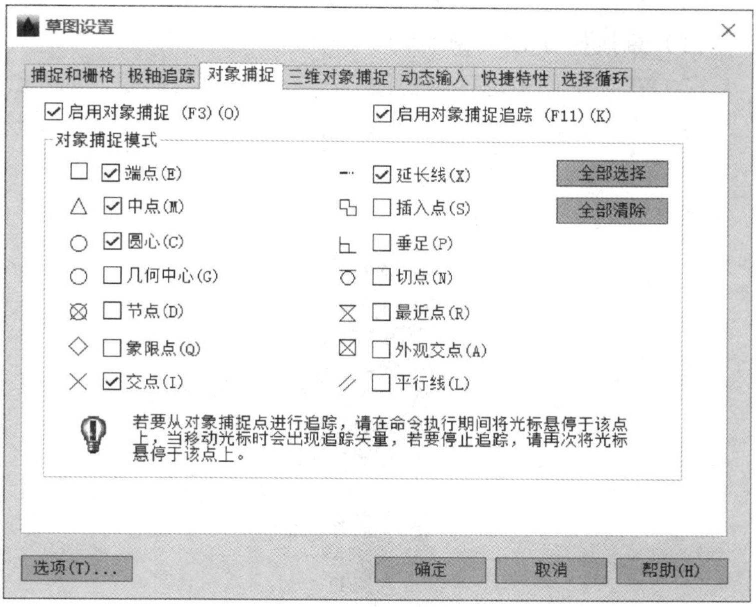

图 2-74　草图设置-设置对象捕捉

6）对象捕捉追踪

使用对象捕捉追踪，可以沿着基于对象捕捉点的对齐路径进行追踪，所以使用该功能必须先启用对象捕捉。已获取的点将显示一个小加号“+”，一次最多可以获取七个追踪点。获取点之后，当在绘图路径上移动光标时，将显示相对于获取点的水平、垂直或极轴对齐路径。例如，可以基于对象端点、中点或者对象的交点，沿着某个路径选择一点，如图 2-75 所示。

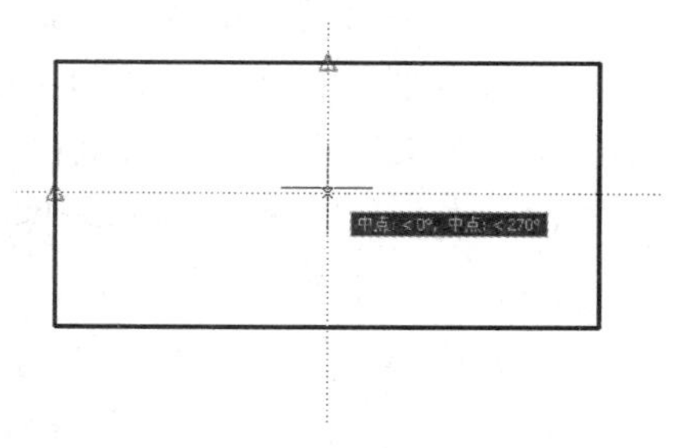

图 2-75　对象捕捉追踪功能

2.4.4　图形显示控制

1. 实时平移

实时平移可以平移视图以重新确定其在绘图区域中的位置，不会更改图形中的对象位置或比例。单击标准工具栏中的按钮或者按住鼠标的滚轮，光标形状变为手形，拖动鼠标，图形显示随光标向同一方向移动。

2. 缩放图形

缩放命令可以通过放大和缩小操作改变视图的比例，类似于使用相机进行缩放，不改变图形中对象的绝对大小，只改变视图的比例。

启动该命令有以下三种方式。

（1）直接执行 ZOOM 命令。

（2）在菜单栏中选择“视图”——“缩放”命令，如图 2-76 所示，再选择具体命令。

（3）在“标准”工具栏中单击相应的按钮，如图 2-77 所示。

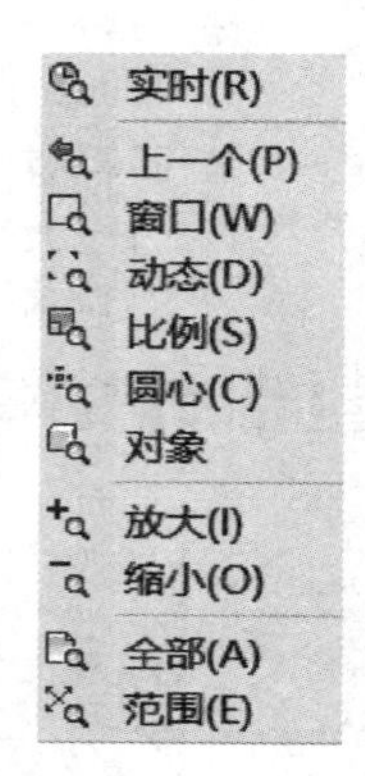

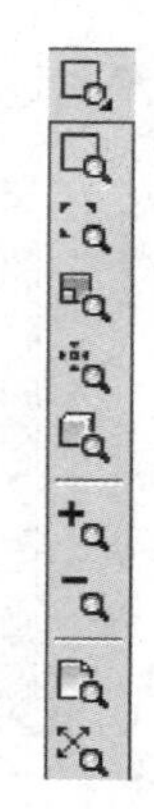

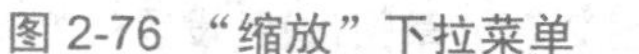

图 2-76 “缩放”下拉菜单　　图 2-77 “缩放”工具栏

其中，最常用的缩放方式如下。

（1）全部：在当前视口中缩放显示整个图形。在平面视图中，所有图形将被缩放到栅格界限和当前范围两者中较大的区域中。

（2）范围：缩放以显示图形范围并使所有对象最大显示。

（3）上一个：缩放显示上一个视图。最多可恢复此前的 10 个视图。

（4）窗口：缩放显示由两个角点定义的矩形窗口框定的区域。

视图的缩放还可以通过转动鼠标的滚轮来实现，向前转动是放大，向后转动是缩小。

3. 重画与重生成

重画从所有视口中删除编辑命令留下的点标记。重生成是在当前视口中重生成整个图形并重新计算所有对象的屏幕坐标。可从菜单栏中选择“视图”下拉菜单，然后选择“重画”或“重生成”命令。

任务 2.5　绘制平面图形习题

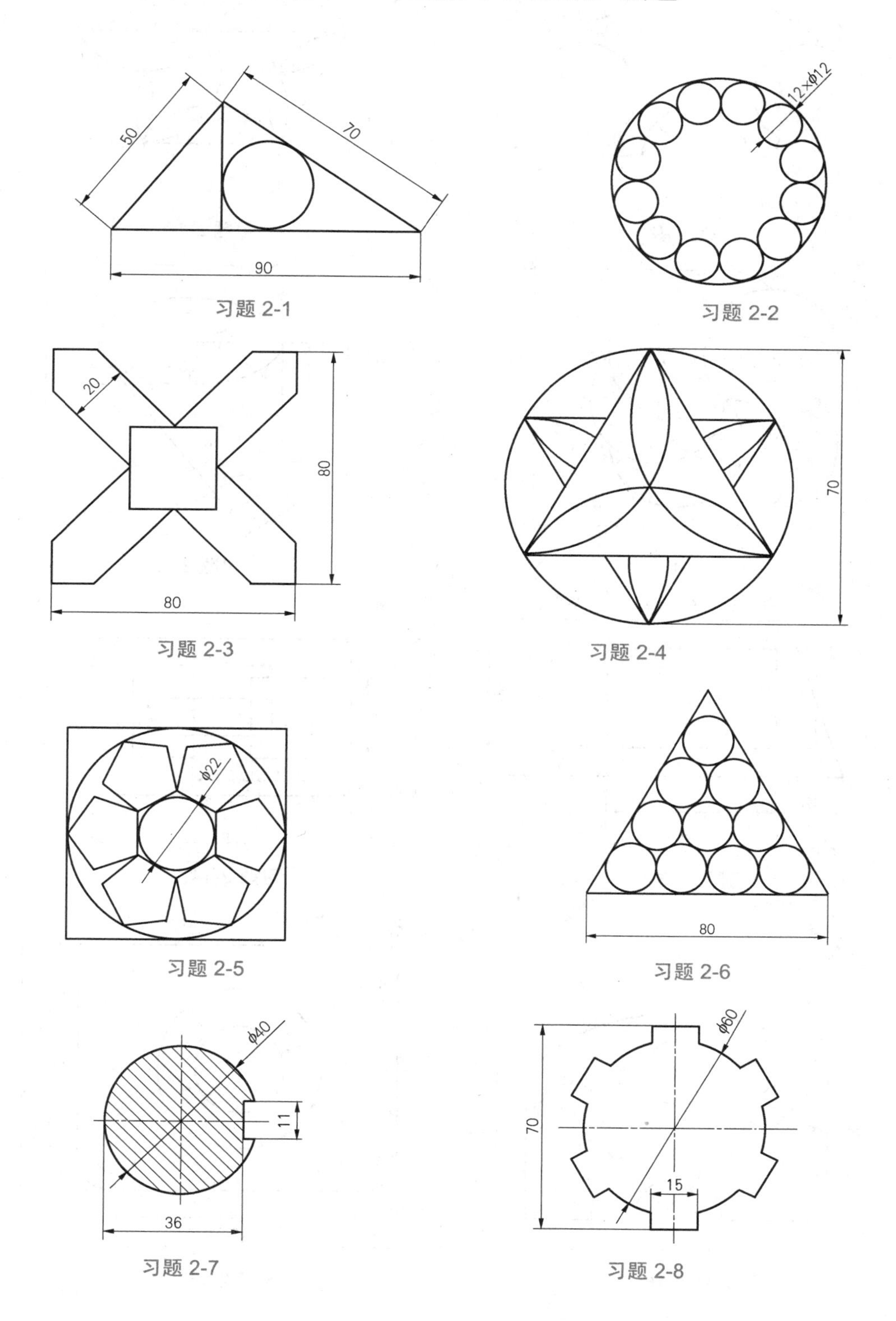

习题 2-1　习题 2-2　习题 2-3　习题 2-4　习题 2-5　习题 2-6　习题 2-7　习题 2-8

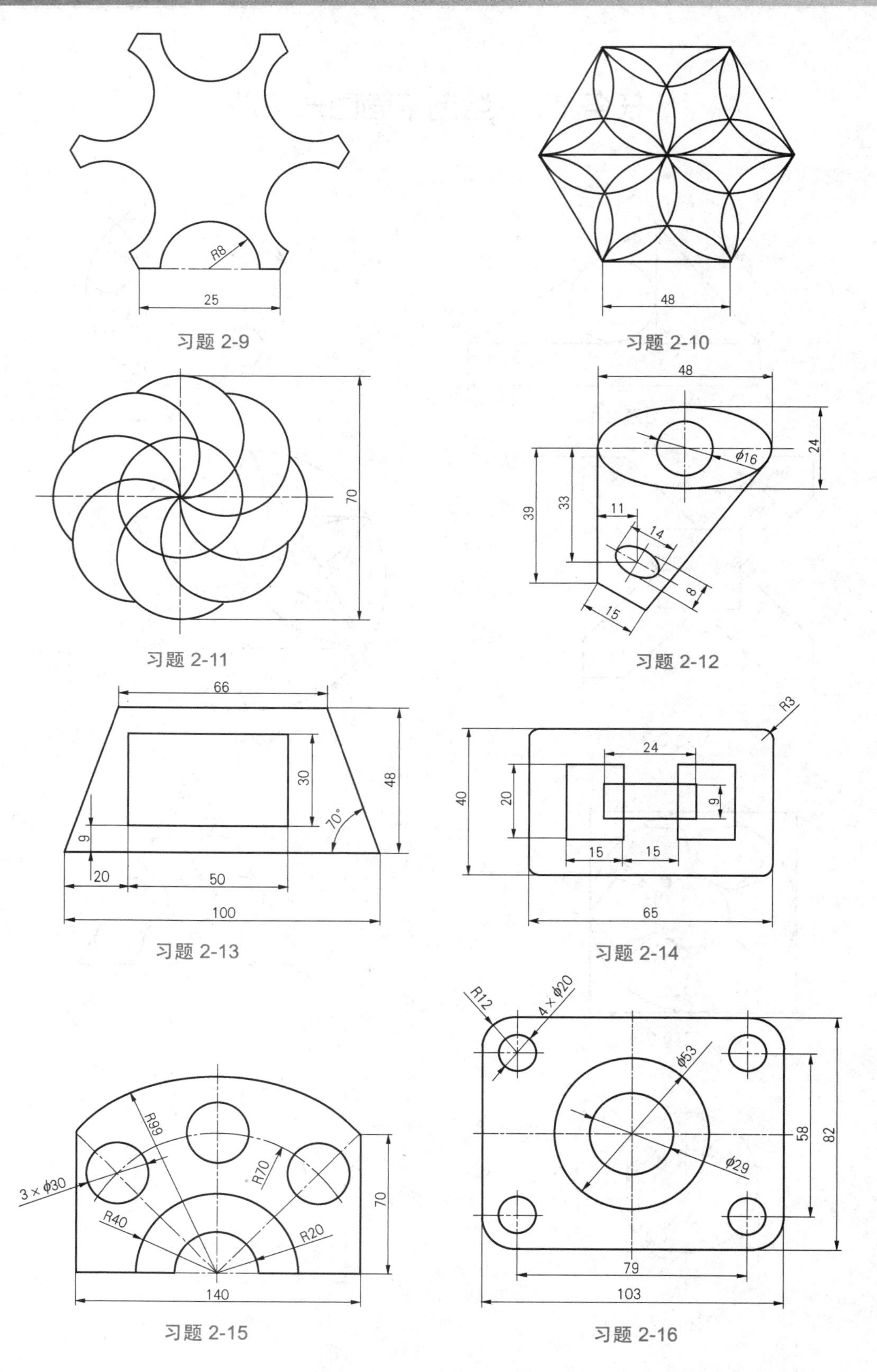

习题 2-9

习题 2-10

习题 2-11

习题 2-12

习题 2-13

习题 2-14

习题 2-15

习题 2-16

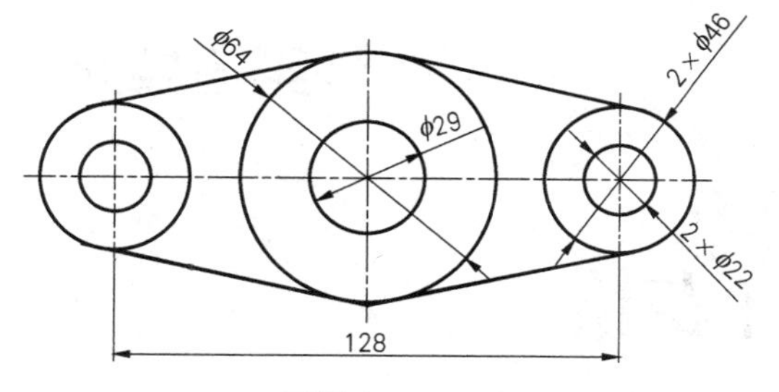

习题 2-17

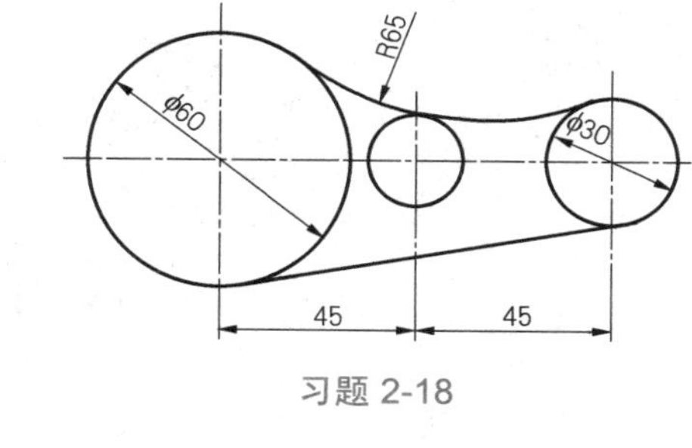

习题 2-18

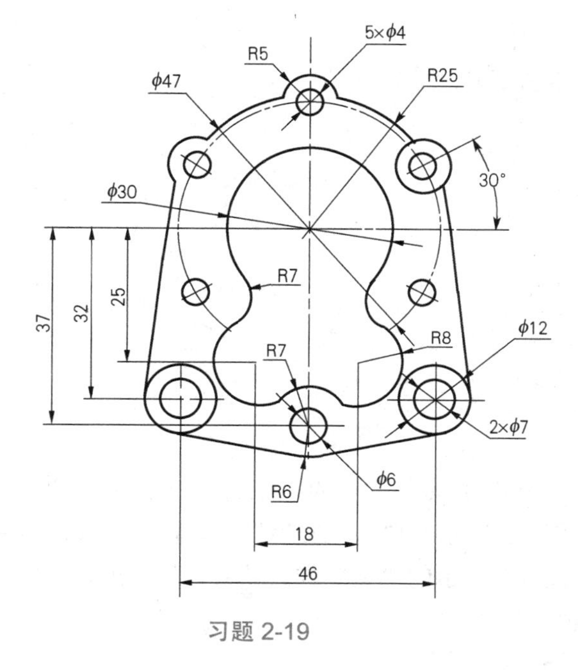

习题 2-19

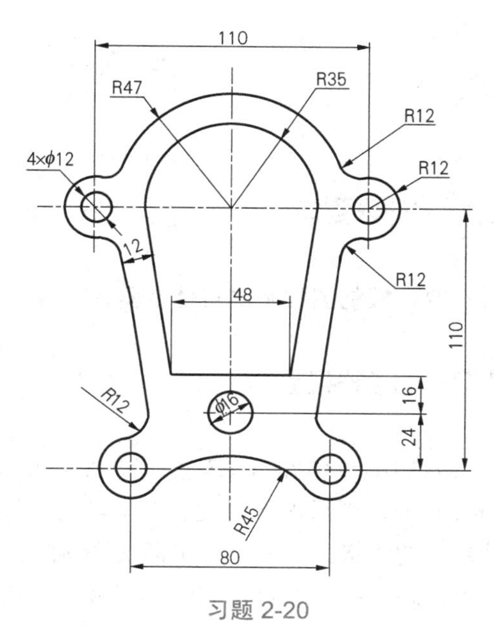

习题 2-20

第三单元

文字与表格

任务 3.1　创建文字样式

3.1.1　任务要求

设置机械制图常用的直体及斜体两种文字样式。

3.1.2　任务实施

（1）如第一单元 1.1.3 小节介绍，单击“标准工具条”上的“工具”→“工具栏”→“AutoCAD”，然后添加“文字”工具栏，如图 3-1 所示。单击“文字”工具栏中的，或单击菜单中的“格式”→“文字样式”，弹出如图 3-2 所示的“文字样式”对话框。或在功能区单击“注释”→，打开“文字样式”对话框。

图 3-1　“文字”工具栏

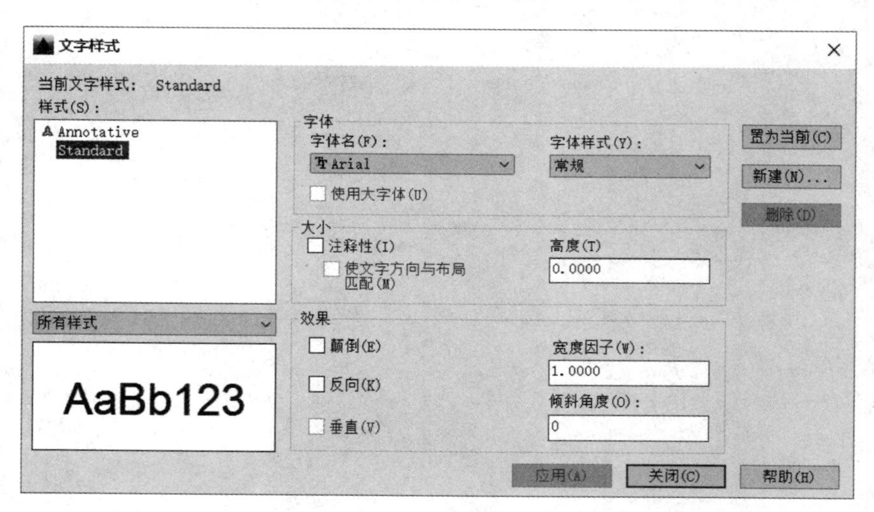

图 3-2　“文字样式”对话框

（2）在图 3-2 所示的对话框中，单击 新建(N)... 按钮，打开 “新建文字样式”对话框。将“样式名”编辑框中的“样式 1”改为“机械直体”，如图 3-3 所示。

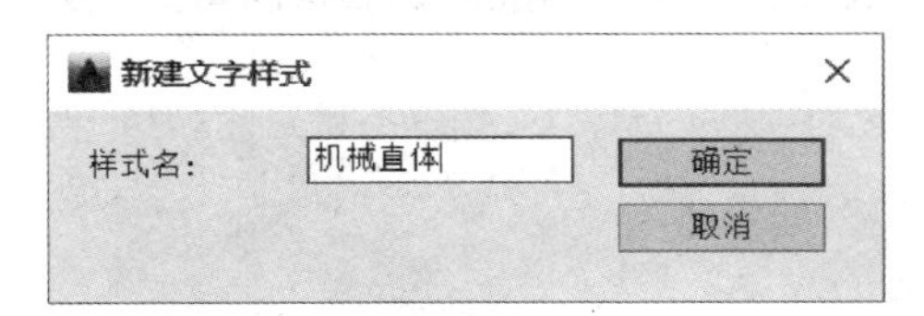

图 3-3　“新建文字样式”对话框

（3）单击 确定 ，回到“文字样式”对话框。

（4）将字体设置为“gbenor.shx”，如图 3-4 所示。单击 应用(A) 。

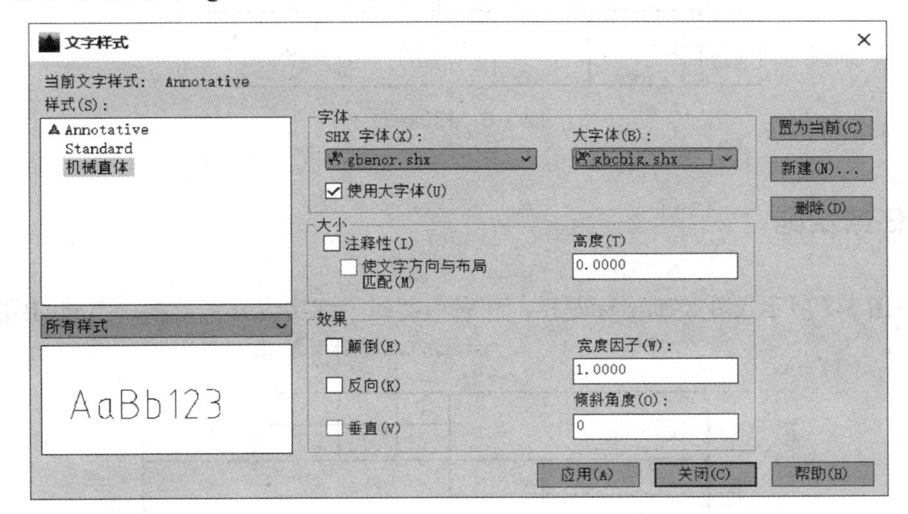

图 3-4　设置直体字

（5）采用同样的方法，创建样式名为“机械斜体”的文字样式。斜体字的“字体”选择为“gbeitc.shx”。单击 应用(A) 。

（6）单击 关闭(C) ，则保存了“机械直体”和“机械斜体”两种样式设置。

3.1.3　知识链接

AutoCAD 图形中的所有文字都有与之相关联的文字样式。当输入文字时，AutoCAD 使用当前的文字样式，该样式设置了字体、文字效果等文字特性。在一幅图中可以创建多种文字样式以满足不同对象的需要。

图 3-5　对文字样式进行操作

（1）如图 3-4 中所示，“高度”用于设置输入文字的高度。通常设置为 0，则输入文字时将提示指定文字高度。

（2）在文字样式对话框中选定某种样式，单击右键则可将该样式置为当前、重命名或删除，如图 3-5 所示。

任务 3.2　输入和编辑文字

3.2.1　任务要求

绘制如图 3-6 所示的标题栏并填写文字。

<table>
<tr><td colspan="3" rowspan="2">（图样名称）</td><td>比例</td><td>数量</td><td>材料</td><td rowspan="2">（图样代号）</td></tr>
<tr><td></td><td></td><td></td></tr>
<tr><td>制图</td><td></td><td></td><td colspan="4" rowspan="2">（单　位　名　称）</td></tr>
<tr><td>审核</td><td></td><td></td></tr>
</table>

图 3-6　标题栏

3.2.2　任务实施

（1）按图 3-7 所示尺寸绘制出标题栏。注意粗实线、细实线分别绘制在不同的图层上。

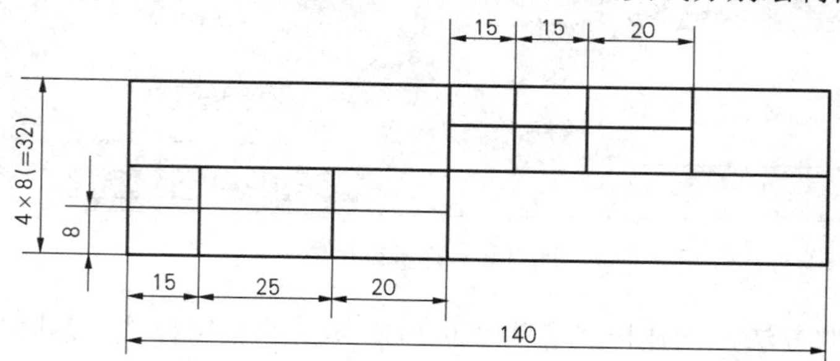

图 3-7　标题栏尺寸

（2）将文字层设置为当前层，“机械直体”设为当前文字样式。

（3）填写文字。

① 单击“文字”工具栏中的“单行文字”按钮，或如图 3-8 所示，单击功能区中的“文字”下拉菜单，选择“单行文字”，回答命令行的提示。

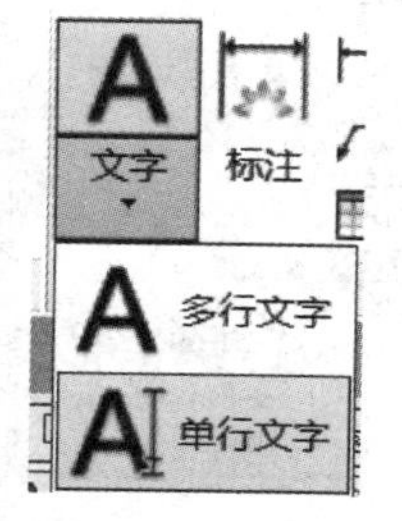

图 3-8　“文字”下拉菜单

指定文字的起点或 [对正(J)/样式(S)]: J

输入选项

[左(L) 居中(C) 右(R) 对齐(A) 中间(M) 布满(F) 左上(TL) 中上(TC) 右上(TR) 左中(ML) 正中(MC) 右中(MR) 左下(BL) 中下(BC) 右下(BR)]: M↙

指定文字的中间点:　　　　　　　//在名称框的中间点单击

指定高度 <2.5000>: 5↙　　　　　　//给定文字高度

指定文字的旋转角度 <0>:↙　　　　　//默认旋转角度为 0

然后输入文字“制图”。

（可以采用同样的方法依次填写“审核”“比例”“材料”“数量”等，也可按以下方法进行。）

② 填写完“制图”后结束命令，单击按钮，以“制图”所在框格的左下角为基准点，复制文字，如图 3-9 所示。

③ 选中复制得到的文字“制图”之一，单击右键选择“编辑”，或直接双击复制得到的文字，如图 3-10 所示，将“制图”修改为“审核”。同样的方法对其他文字进行编辑。

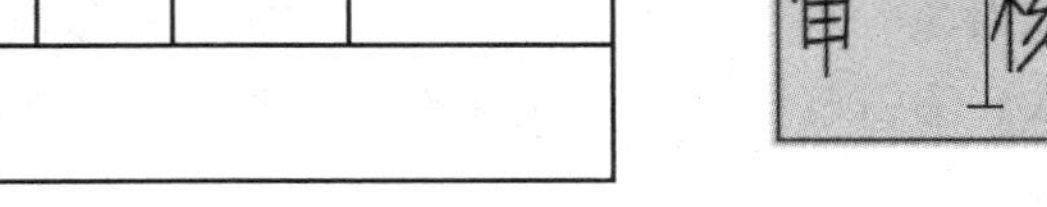

图 3-9　复制文字　　　　图 3-10　编辑文字

3.2.3　知识链接

1. 文字概述

图形中的文字表达了重要的信息。可以在标题块中使用文字，还可以用文字标记图形的各个部分、提供说明或进行注释。

AutoCAD 提供了多种创建文字的方法。对简短的输入项使用单行文字，对带有内部格式的较长的输入项使用多行文字。虽然所有输入的文字都可使用当前文字样式建立默认字体和格式设置，但也可自定义文字外观。

2. 使用单行文字

1）创建单行文字的步骤

（1）从功能区的文字区单击“单行文字”按钮（或以“绘图”菜单中选择“文字”中的“单行文字”）。

（2）在屏幕上指定第一个字符的插入点，输入文字高度并回车。

（3）从键盘上输入文字倾斜的角度（默认为 0）并回车。

（4）输入文字，按回车键结束此行文字，开始下一行。

（5）在一个空行上按回车键，结束创建文字的操作。

2）设置单行文字对齐方式

在创建单行文字时，命令行提示：指定文字的起点或 [对正(J) / 样式(S)]：

“对正”决定文字行中的字符如何与插入点对齐。

选择“对正”后，将提示多种对正方式，选择其中的某一个可使整行文字的右下角、底线中点、整行文字的中间点等与输入点对齐。默认的对齐方式为左下角对齐。

3）给单行文字指定样式

“样式”为正在使用的文字字型。若要使用某种字型，必须先设置利用此字型的样式。创建单行文字时指定样式的步骤如下。

（1）从“绘图”菜单中选择“文字”中的“单行文字”。

（2）输入“s（样式）”并回车。

（3）在“输入样式名”提示下输入现有样式名。或者输入“?”查看可用样式的列表，然后输入样式名。

（4）若需继续创建文字，可按上述“创建单行文字的步骤”，从步骤（2）开始。

4）编辑单行文字

和任何其他对象一样，可以移动、旋转、删除和复制单行文字对象。也可以镜像或制作反向文字的副本。编辑单行文字包括修改文字内容和文字特性。

修改文字内容的步骤如下。

（1）从“文字”工具栏中选择“编辑”（或者选择要编辑的单行文字对象，在绘图区域单击右键，选择“编辑文字”）。

（2）选择要编辑的单行文字。每行文字都是独立的对象，因此每次只能编辑一行。

（3）输入新文字。用鼠标左键单击绘图区其他任意位置或者回车退出命令。

修改单行文字对象特性的步骤如下。

（1）从“修改”菜单中选择“特性”。

（2）选择一个单行文字对象。

（3）在“特性”窗口中修改文字内容和其他特性。这些修改会影响文字对象中的所有文字。

（4）单击“关闭”按钮。

3. 使用多行文字

1）创建多行文字

对于较长、较为复杂的内容，可“多行文字”命令创建多行文字。输入多行文字的过程中可以根据需要用回车键换行，换行后多行文字仍为一个整体。使用默认特性和格式创建多行文字的方法及步骤如下。

（1）从“绘图”菜单中选择“文字”中的“多行文字”。

（2）在“指定第一角点”提示下，用鼠标指定角点。

（3）在下一个提示中，用鼠标指定边界框的对角点（拉对角时边界框中的箭头在当前对正设置的基础上指出输入文字的走向），或者在命令行中输入宽度值。

在指定了边界框的第二角点后，在功能区出现“文字编辑器”，如图 3-11 所示。

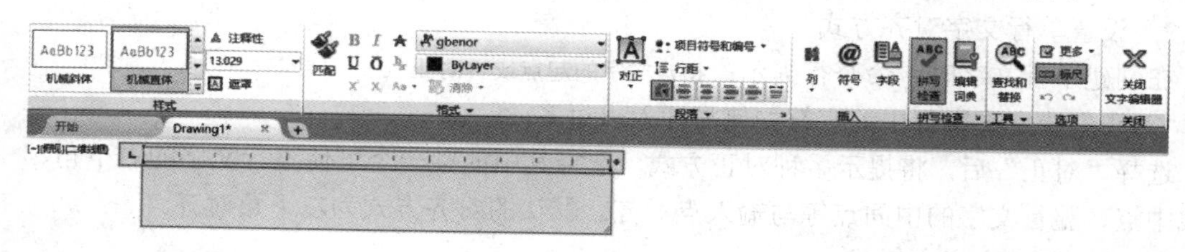

图 3-11　多行文字编辑器

（4）在“文字格式”对话框中输入文字。需要换行时按回车键。

（5）若要使用词语或字符的格式时，可在选择该词语或字符后单击对应的按钮。

（6）若要使用分数、公差等，可使用堆叠文字。使用方法为先输入文字的全部内容（如1/3），选中该部分内容，堆叠按钮自动显亮，单击此按钮即可。

（7）在 AutoCAD 2007 以后的版本中大大增强了文本的编辑性，如文字的对齐，增加上划线、下划线，加深、倾斜、分栏、插入符号等。

（8）关闭文字编辑器。

2）设置多行文字的格式

（1）在“文字编辑器”中，亮显要编辑的文字。

（2）使用格式选项修改字体、文字高度、斜体和颜色。

（3）选择“确定”。

3）编辑多行文字

选中已输入的多行文字后单击鼠标右键，从弹出的菜单中选择“编辑多行文字”命令，打开“文字编辑器”对话框，进行编辑。

利用对象“特性”也可修改多行文字对象：选中多行文字对象，单击“标准工具条”上的“特性”按钮对多行文字对象上样式、宽度、对正和行距等进行更改。

若要移动多行文字，可以使用拖放、移动命令。

任务 3.3　表格制作

3.2.1　任务要求

制作如图 3-12 所示的装配图明细表。

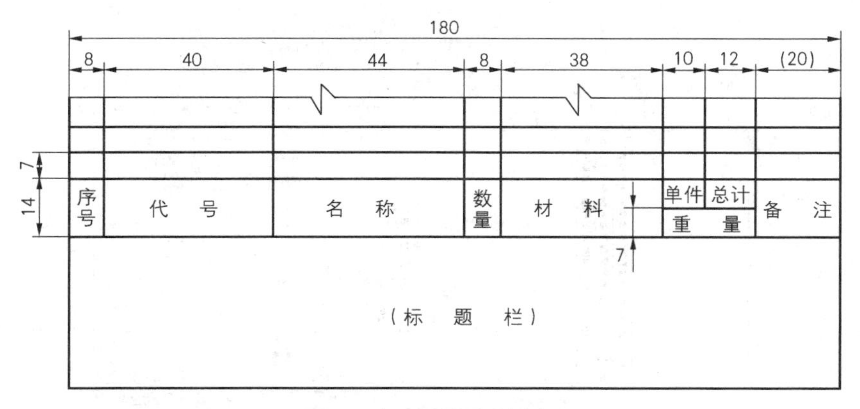

图 3-12　装配图明细表

3.2.2 任务实施

1. 设置表格样式

（1）从“格式”菜单中选择“表格样式”或在面板中单击 表格按钮，在弹出的“插入表格”对话框中单击按钮，打开如图 3-13 所示的“表格样式”对话框。

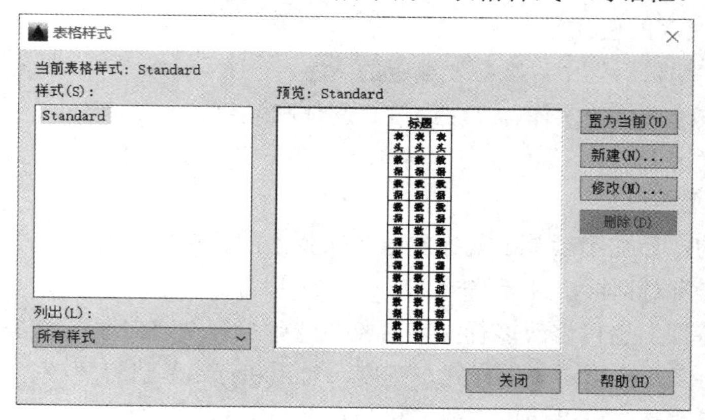

图 3-13 “表格样式”对话框

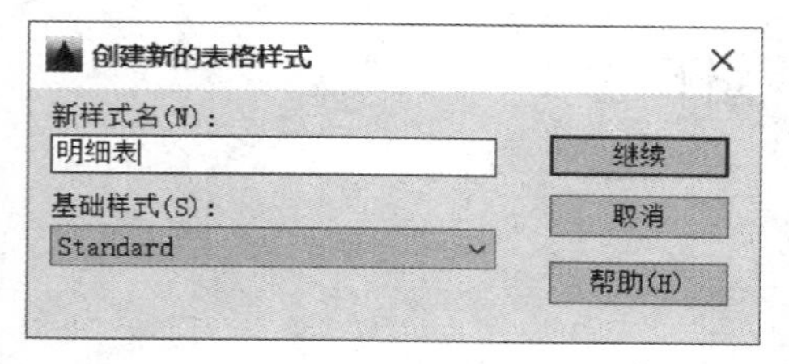

图 3-14 “创建新的表格样式”对话框

（2）单击新建(N)...按钮，弹出如图 3-14 所示的“创建新的表格样式”对话框，输入样式名“明细表”，单击继续。

（3）弹出如图 3-15 所示的“新建表格样式：明细表”对话框，在“单元样式”下拉列表中选择“数据”，设置明细表数据的特性；在“表格方向”下拉列表中，选择“向上”，即明细表的数据由下向上填写。

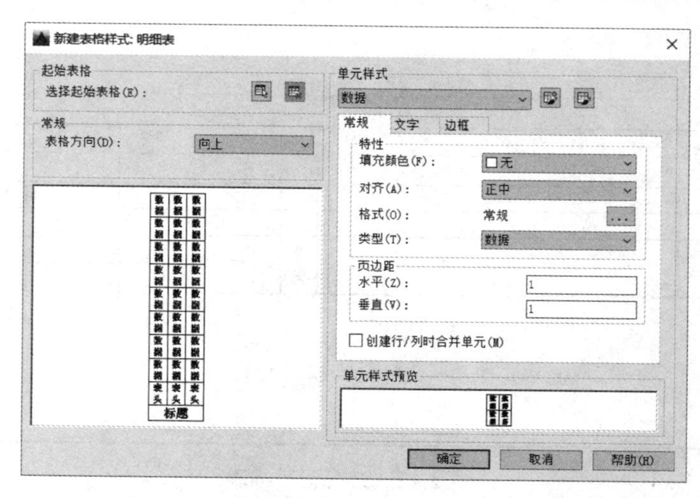

图 3-15 “新建表格样式：明细表”对话框

① 在“常规”选项中，在“对齐”下拉列表中选择“正中”，指定明细表中的数据书写在表格的正中间；在“页边距”的“水平”“垂直”文本框中均输入“1”，指定单元格中的文字与上下左右单元边距之间的距离。

② 在“文字”选项中，在“文字样式”下拉列表中选择“机械直体”，在“文字高度”文本框中输入“3.5”，确定数据行中文字的样式及高度。如图 3-16 所示。

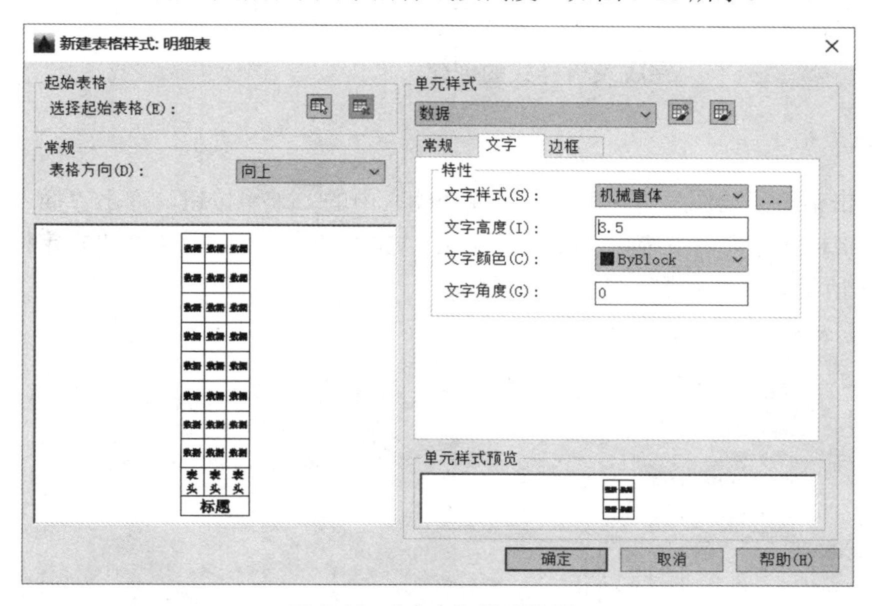

图 3-16 “文字”选项设置

② 在“边框”选项中，在“线宽”下拉列表中选择“0.50mm”，再单击和，设置数据行中的垂直线为粗实线，如图 3-17 所示。

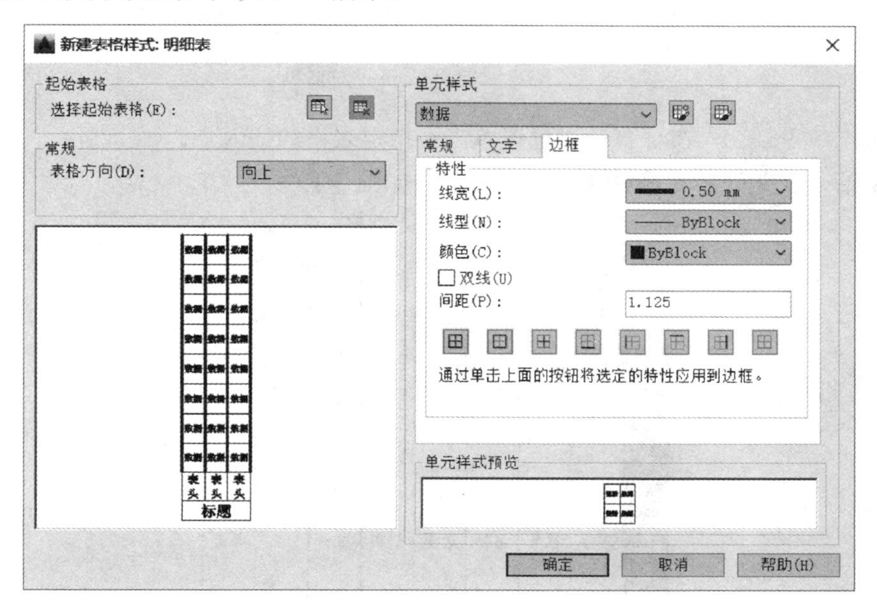

图 3-17 “边框”选项设置

（4）在“单元样式”下拉列表中选择“表头”，设置明细表表头的特性。

① 在“文字”中选择或输入内容，设置表头文字样式为“机械直体”，文字高度为“5”。

② 在“边框”选项的“线宽”下拉列表中选择“0.50mm”，再单击、、和，设置表头最上、最下的水平线和表头中的垂直线为粗实线；

（5）单击 确定 ，返回到“表格样式”对话框，单击 置为当前(U) ，将“明细表”表格样式置为当前表格样式。

（6）单击 关闭(C) ，完成表格样式的创建。

2. 插入表格

（1）单击菜单“绘图”⟶“表格”或功能区中的 表格 按钮，弹出“插入表格”对话框，在“表格样式”列表下选择“明细表”，在“插入方式”选项组选择“指定插入点”方式后按图 3-18 所示设置各参数。

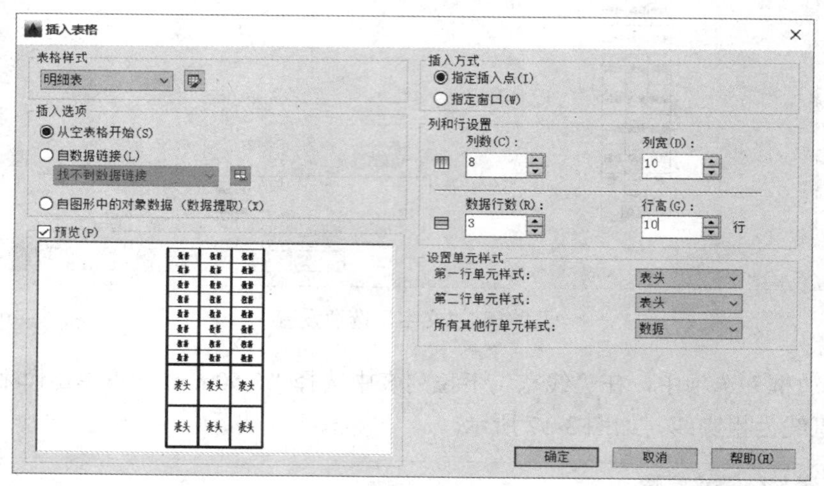

图 3-18 “插入表格”对话框

（2）单击 确定 ，在屏幕适当位置单击，指定表格的插入点。

（3）激活“表头”单元格并填入相应文字，如图 3-19 所示。

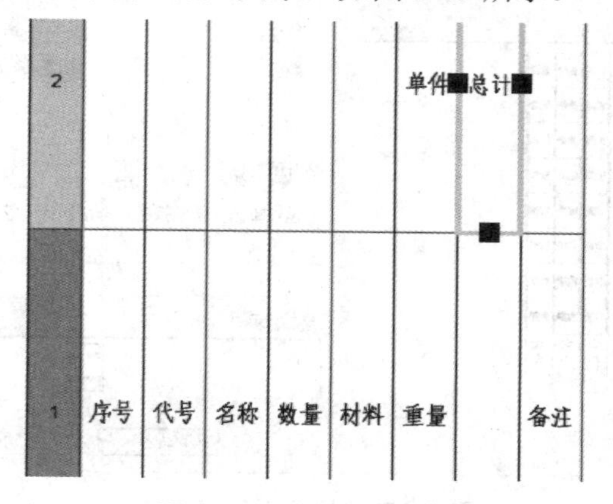

图 3-19 填写表头内容

（4）单击绘图区任意空白处，完成明细表的插入。

3. 修改表格的列宽、行高

（1）弹出“特性”选项板；选择“表头”和“数据”所有单元格，单击“修改”⟶“特性”，在“特性”选项板的“单元高度”文本框中输入“7”，如图 3-20 所示，按回车键。

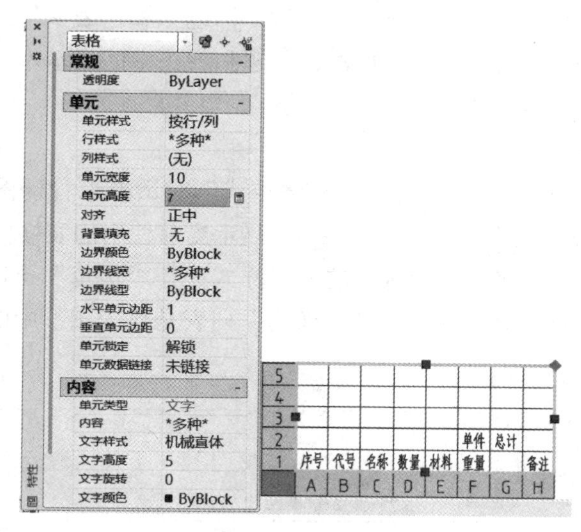

图 3-20　修改单元格行高

（2）依次在每一列单元格内单击，在“特性”选项板的“单元宽度”文本框中输入每一列的宽度值。

（3）按 ESC，退出选择，完成行高、列宽的修改。

（4）合并第 1 和第 2 行单元格。

4. 填写明细栏。

在“数据”单元格中双击鼠标右键，自下而上填写明细表内容。

3.2.3　知识链接

1. 表格概述

AutoCAD2007 之后版本都增加了表格的插入，这对我们创建标题栏、绘制图形中必需的表格提供了方便，而且它像办公软件中的表格一样容易创建。

2. 表格设置

1）新建表格样式

表格样式控制一个表格的外观。使用表格样式，可以保证标准的字体、颜色、文本、高度和行距。用户可以使用默认的表格样式、修改已有的表格样式或重建表格样式来满足绘制表格的需要。

2）设置表格的数据、列标题和标题样式

在“表格样式”对话框中单击“新建”，打开“创建新的表格样式”对话框，以此进行命名。单击“确认”打开“新建表格样式”对话框，在“新建表格样式”对话框中，可以在“单元样式”选项区域的下拉列表框中选择“数据”、“标题”和“表头”选项来分别设置表格的数据、标题和表头对应的样式。表格的数据、标题和表头中的“基本”、“文字”、“边框”都应进行设置。

3）管理表格样式

在 AutoCAD 2016 中，还可以使用“表格样式”对话框来管理图形中的表格样式，如图 3-21 所示。在该对话框的“当前表格样式”后面，显示当前使用的表格样式（默认为 Standard）；在“样式”列表中显示了当前图形所包含的表格样式；在“预览”窗口中显示了选中表格的样式；在“列出”下拉列表中，可以选择“样式”列表是显示图形中的所有样式，或是正在使用的样式。

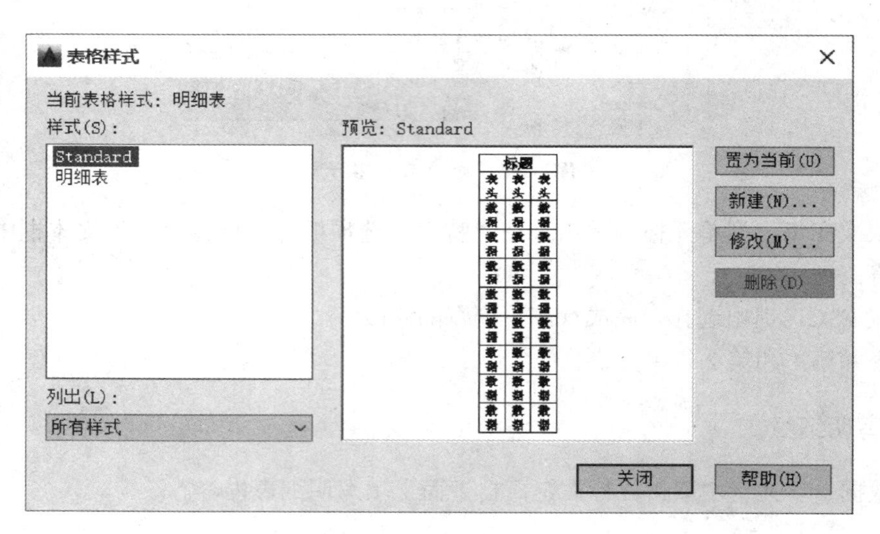

图 3-21　管理表格样式

3. 创建表格

（1）打开“插入表格”对话框，选择已经创建的表格样式，再选择行列参数，设置单元格样式，即可创建表格，在屏幕上单击插入点即可插入表格。

（2）在单元格中填入需要的文本内容即可完成文本创建。双击单元格激活文本框填写内容。

（3）单击表格中任意单元格内部即可打开表格编辑器编辑表格。编辑表格和表格单元格包含插入行列、合并单元格、删除单元格、单元格对齐方式、边框、插入字段、公式等操作。操作完后，在表旁单击即可。

第四单元

尺 寸 标 注

任务 4.1　设置机械图样尺寸标注样式

4.1.1　任务要求

设置符合国家标准的机械图样尺寸标注样式。

4.1.2　任务实施

（1）从“格式”菜单中选择“标注样式”或在功能区中单击“注释”选择按钮，打开如图 4-1 所示“标注样式管理器”。除了创建新样式外，还可以执行其他许多样式管理任务。

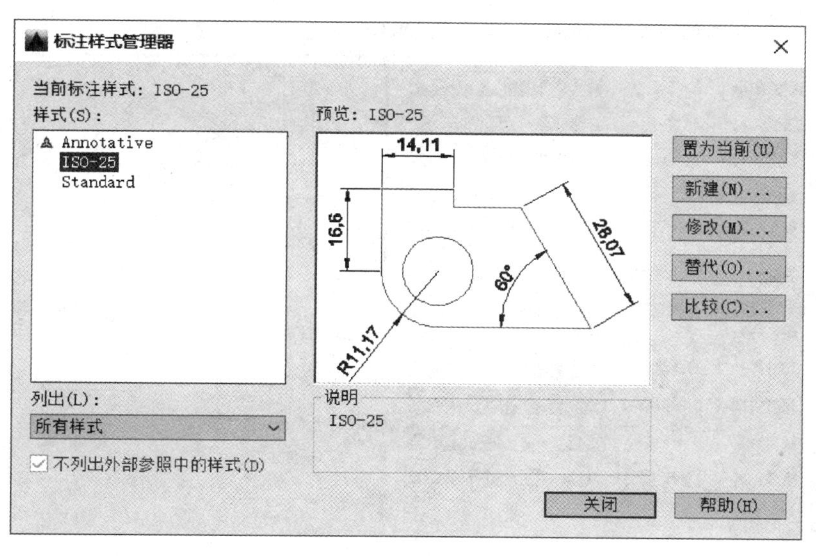

图 4-1　标注样式管理器

（2）在“标注样式管理器”中，选择“新建”。

（3）在“创建新标注样式”对话框中，输入新样式名为“机械”，如图 4-2 所示。选择“继续”。

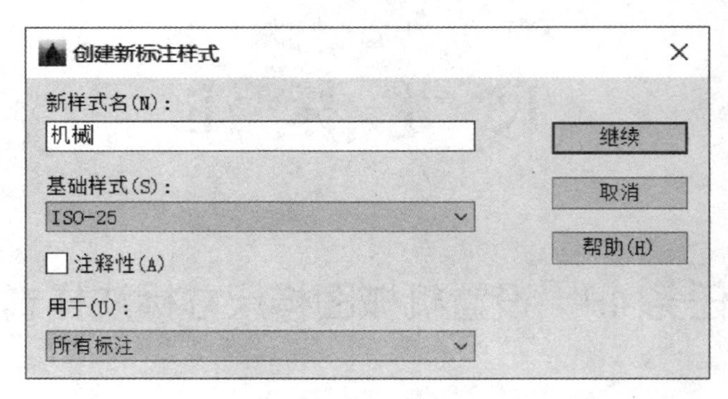

图 4-2　创建机械标注样式

（4）在“线”选项将“基线间距”改为 7、“超出尺寸线”改为 2、“起点偏移量”改为 0，如图 4-3 所示。在“符号和箭头”选项将箭头大小设置为 3，如图 4-4 所示。在“文字”选项将“文字样式”选为机械斜体、“文字高度”改为 3.5、“从尺寸线偏移”改为 1.25，如图 4-5 所示。在“主单位”选项将“线性标注”的“精度”改为 0.0、“小数分隔符”改为句点，“角度标注”的“精度”改为 0.0、“消零”选中“后续”，如图 4-6 所示。

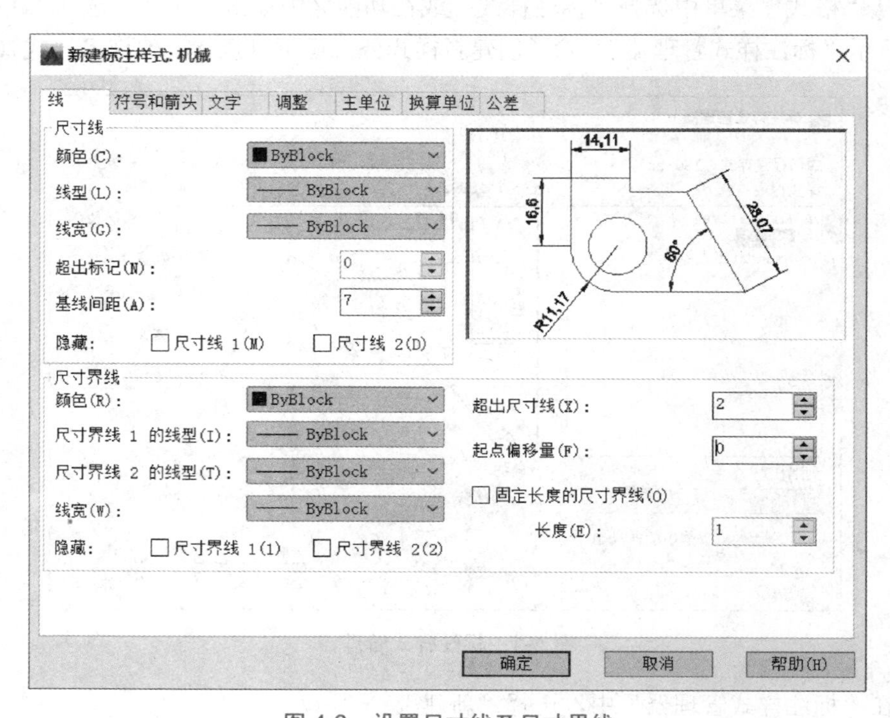

图 4-3　设置尺寸线及尺寸界线

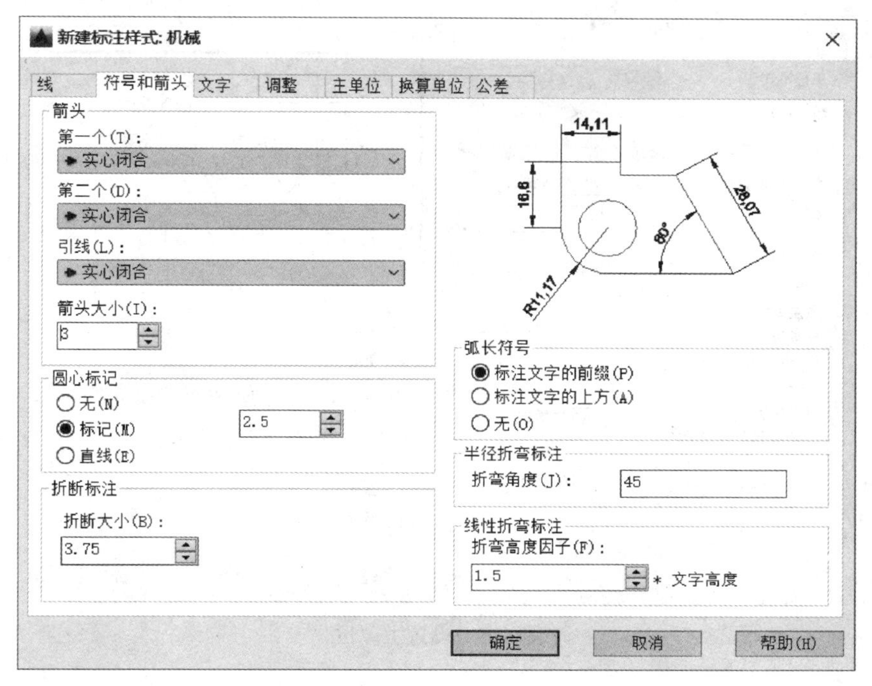

图 4-4　设置符号和箭头

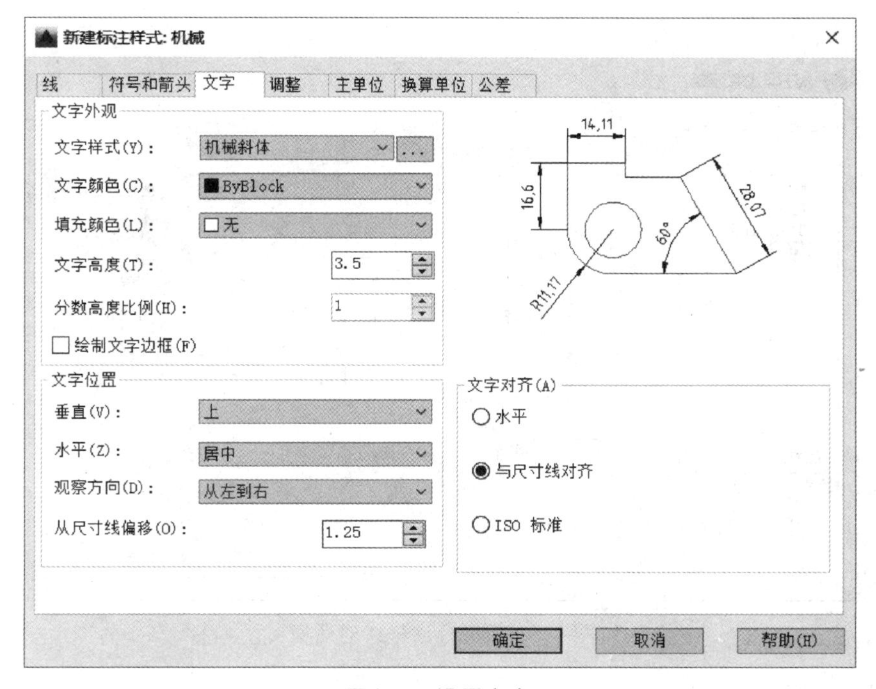

图 4-5　设置文字

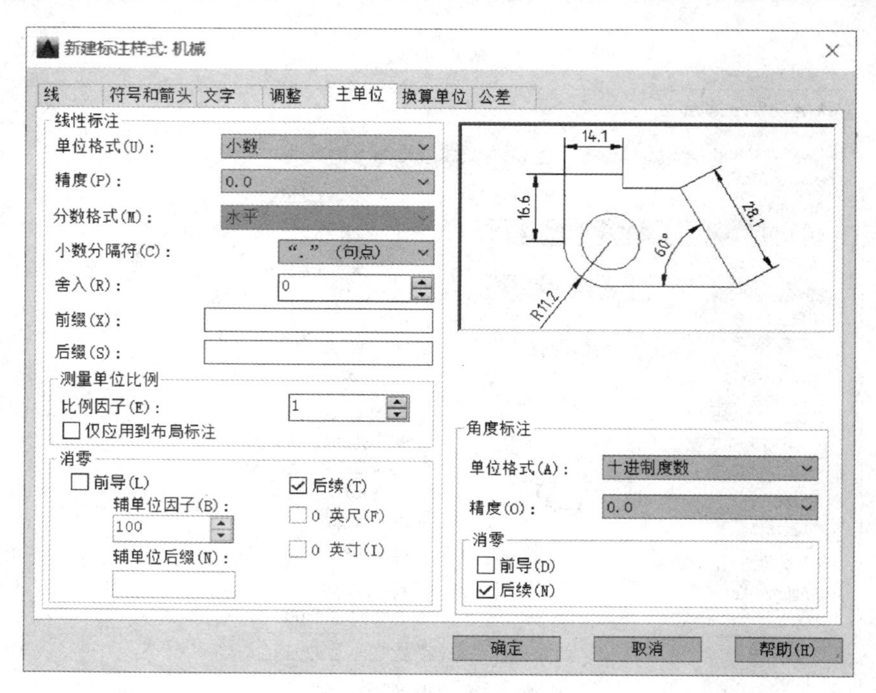

图 4-6　设置主单位

（5）单击“确定”按钮后，回到标注样式管理器窗口，选中“机械”标注样式，如图 4-7 所示。

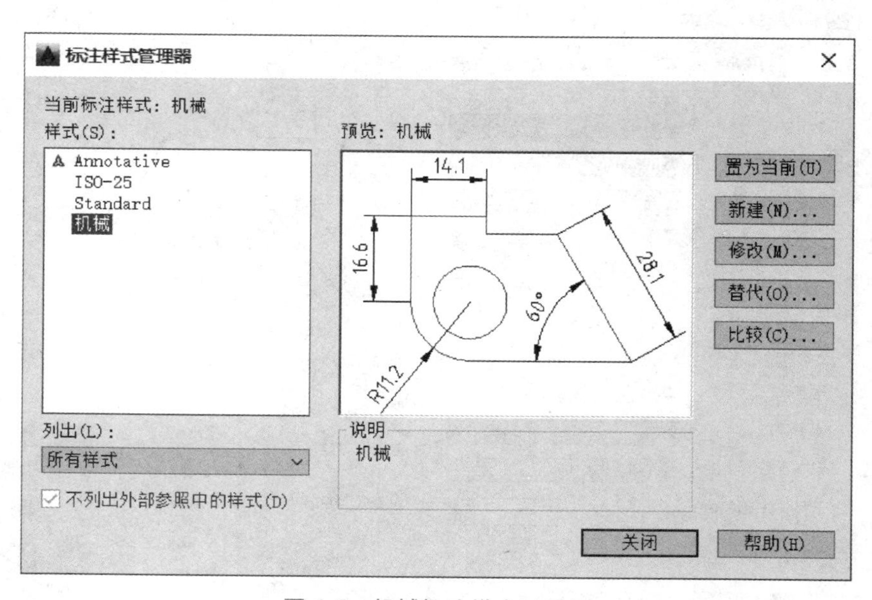

图 4-7　机械标注样式对话框

（6）创建机械标注子样式。

① 选中“机械”标注样式后，单击“新建”按钮，在弹出的“创建新标注样式”对话框

中，将“用于”选中为“角度标注”，单击“继续”按钮，如图 4-8 所示。在弹出的对话框中，选中“文字”选项，将“文字对齐”设为水平，如图 4-9 所示。

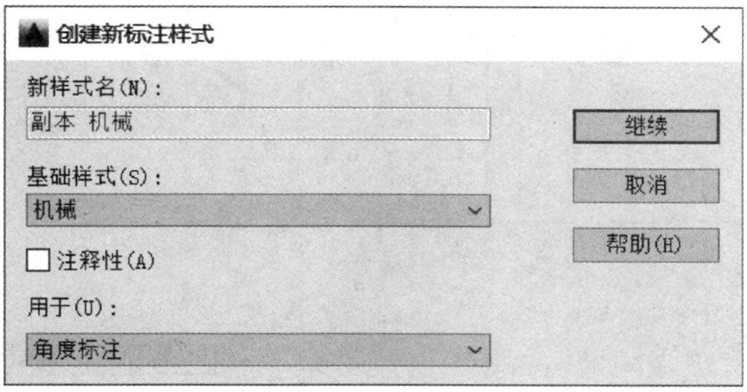

图 4-8　设置角度标注子样式（1）

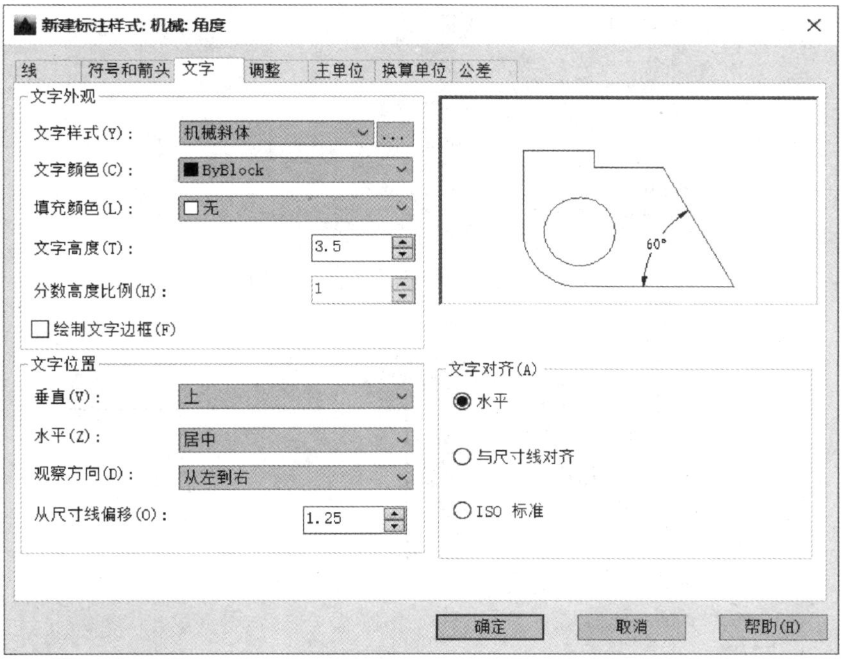

图 4-9　设置角度标注子样式（2）

② 单击“确定”回到如图 4-10 所示的“标注样式管理器”对话框中，选中“机械”样式，单击“新建”按钮。在如图 4-11 所示弹出的“创建新标注样式”对话框中，将“用于”选中为“半径标注”，单击“继续”。在弹出的对话框中，选中“文字”选项，将“文字对齐”设为“ISO 标准”，如图 4-12 所示，选中“调整”选项，将“调整选项”设为“文字”，如图 4-13 所示。

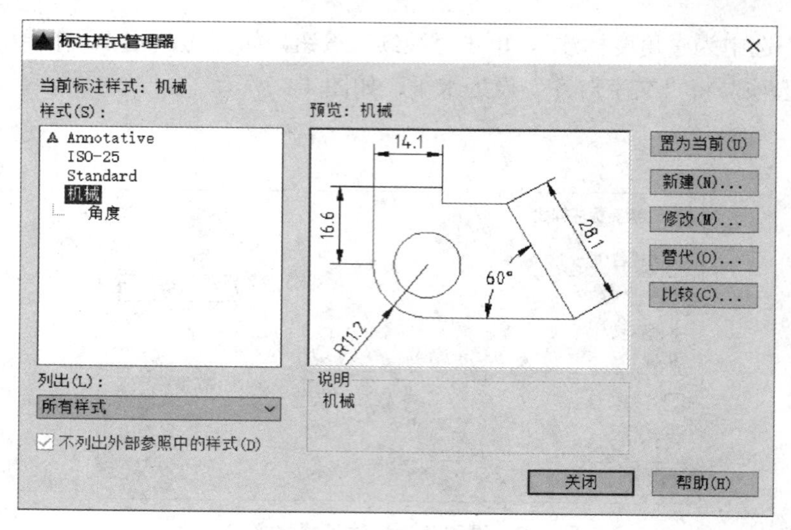

图 4-10　设置角度标注子样式（3）

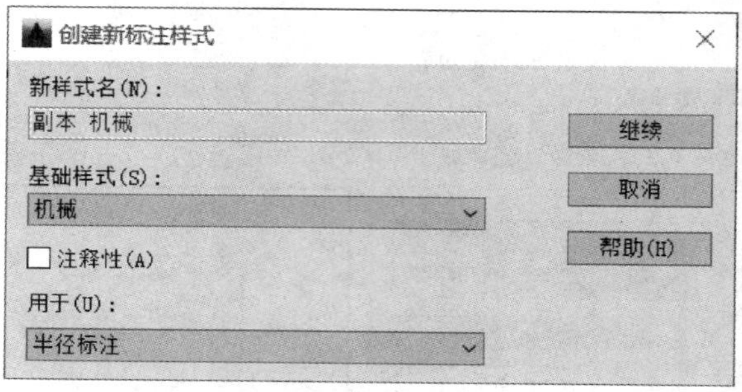

创建新标注样式

新样式名(N)：

副本 机械

基础样式(S)：

机械

注释性(A)

用于(U)：

半径标注

继续

取消

帮助(H)

图 4-11　设置半径标注子样式（1）

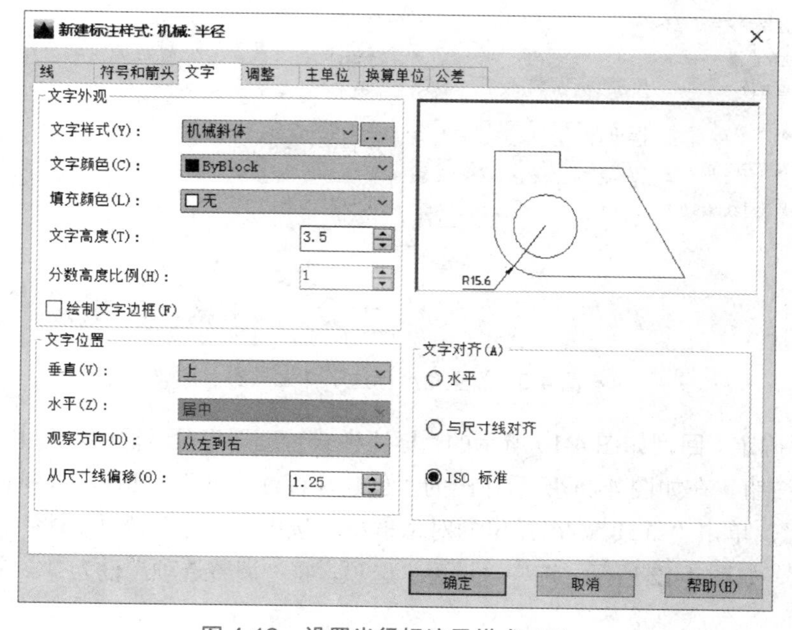

图 4-12　设置半径标注子样式（2）

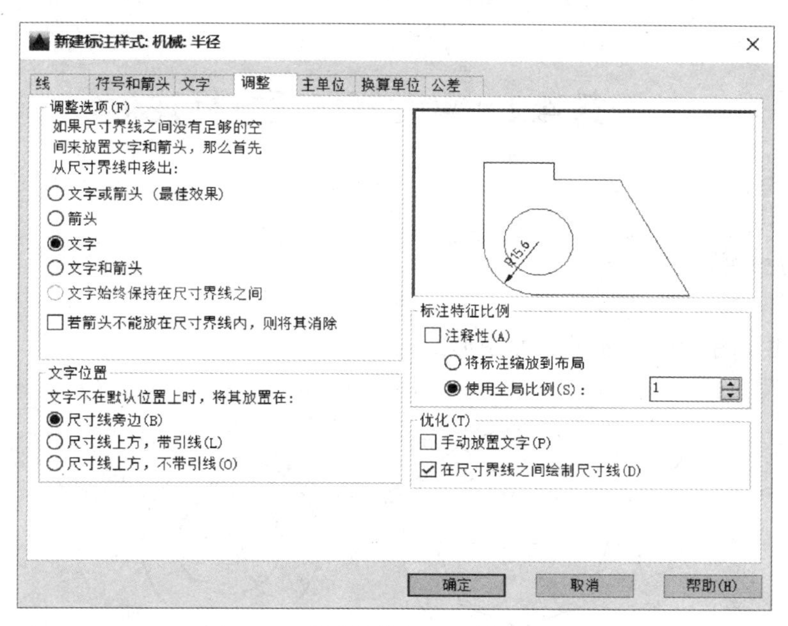

图 4-13　设置半径标注子样式（3）

③ 用创建半径标注子样式的方法创建用于直径标注的子样式。

（7）单击“确定”完成机械标注样式的创建，回到如图 4-14 所示的对话框，选中“机械”样式，单击“置为当前”⟶“关闭”。

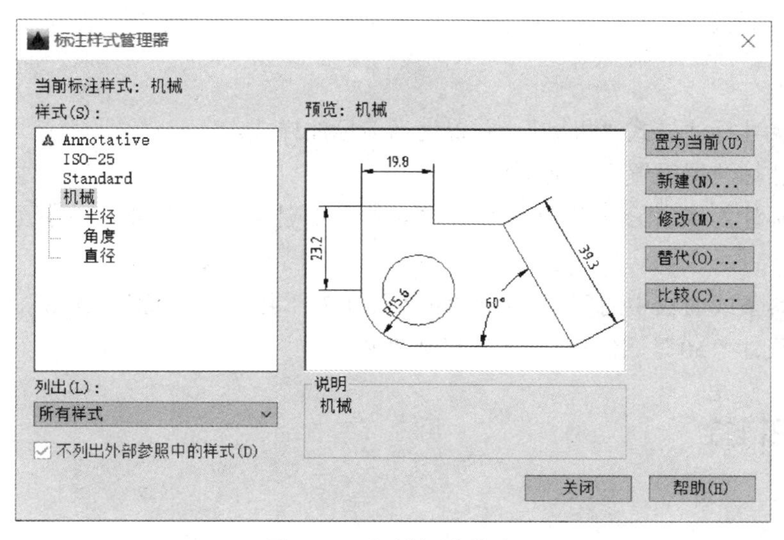

图 4-14　机械标注样式

4.1.3　知识链接

根据图形的不同可对“机械”标注样式的设置进行调整。

任务 4.2 平面图形尺寸标注

4.2.1 任务要求

绘制并标注如图 4-15 所示的平面图形。

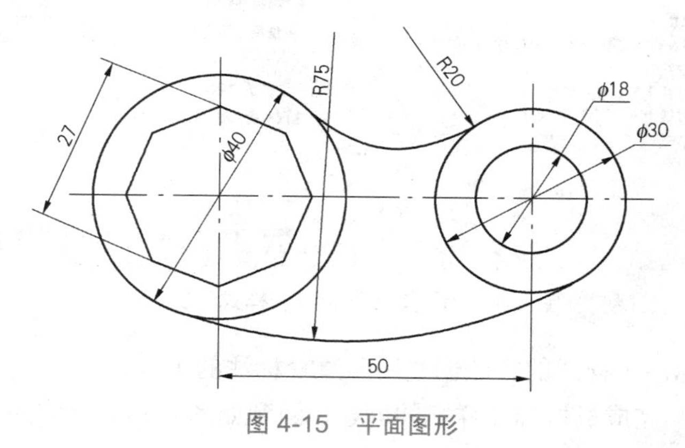

图 4-15 平面图形

4.2.2 任务实施

（1）创建尺寸标注样式“机械”，并置为当前标注样式。

（2）将尺寸标注层设置为当前图层。

（3）捕捉标注对象并逐一进行尺寸标注。标注时注意由内至外、由小至大按一定顺序进行。

用标注工具条或面板中的命令标注“R75”、“R20”，用命令标注“ϕ18”、“ϕ30”、“ϕ40”，用命令标注尺寸“50”，用命令标注尺寸“27”。

4.2.3 知识链接

1. 概述

标注就是向图形中添加测量注释。AutoCAD 提供许多标注样式及设置标注格式的方法。可以方便、快速地为各类对象创建标注，以满足行业或项目标准标注的需要。

2. 创建标注

AutoCAD 提供了多种标注用于测量设计对象。开始进行标注时，可以用工具面板上的标注区、“标注”菜单或工具栏，或者在命令行中输入标注命令“DIM”。

面板上的标注区如图 4-16 所示，“标注”工具栏如图 4-17 所示。

（1）线性：测量并标注两点间的直线距离。包含的选项可以创建水平、垂直或旋转线性标注。

（2）对齐：创建尺寸线平行于尺寸界线原点的线性标注。此标注创建对象的真实长度测量值。

（3）弧长：测量并标注两点间的圆弧长度。

（4）坐标：创建标注，显示从给定原点测量出来的点的 X 或 Y 坐标。

（5）半径：测量并标注圆或圆弧的半径。

（6）折弯：对于大半径或圆心不便显示的圆弧进行半径折弯尺寸标注。

（7）直径：测量并标注圆或圆弧的直径。

（8）角度：测量并标注角度。

（9）快速标注：通过一次选择多个对象，创建标注阵列，例如基线、连续和坐标标注。

（10）基线：创建一系列线性、角度或坐标标注，都从相同原点测量尺寸。

（11）连续：创建一系列连续的线性、对齐、角度或坐标标注。每个标注都从前一个或最后一个选定的标注的第二个尺寸界线处创建，共享公共的尺寸线。

（12）等距标注：平行尺寸线之间的间距将设为相等，也可以通过设置间距值为“0”使得一系列线性标注或角度标注的尺寸线平齐。

（13）折断标注：在标注或延伸线与其他对象交叉处折断或恢复标注和延伸线。

（14）公差：创建并标注几何公差标注。

（15）圆心标记：创建圆心和中心线，指出圆或圆弧的圆心。

（16）检验：可以将检验标注添加到现有的标注对象中。

（17）折弯线性：在线性或对齐标注上添加或删除折弯线。

（18）编辑标注：编辑标注文字和延伸线。

（19）编辑标注文字：移动和旋转标注文字，重新定位尺寸线。

（20）标注更新：用当前标注样式更新标注对象。

（21）标注样式控制：选择设置的标注样式。

（22）标注样式：创建和修改标注样式。

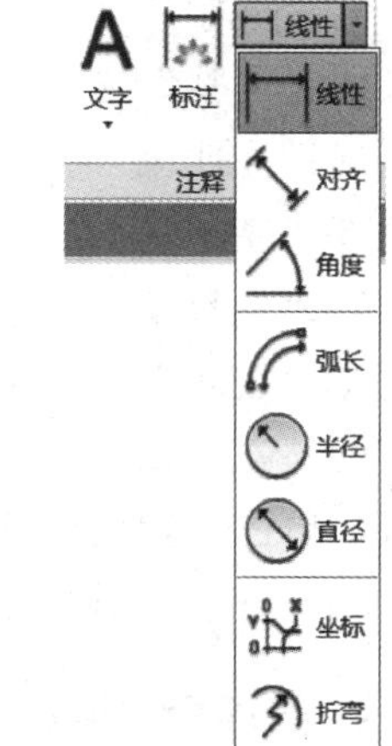

图 4-16　面板上的标注区

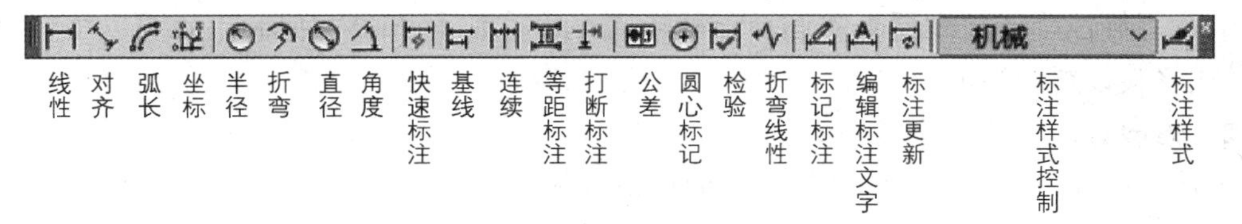

图 4-17　“标注”工具栏

3. 创建标注样式

标注样式控制标注的格式和外观，用标注样式可以建立和强制执行图形的绘图标准，并便于对标注格式及其用途进行修改。进行尺寸标注前一定先创建标注样式。在创建标注时，AutoCAD 使用当前的标注样式。AutoCAD 中"ISO—25（国际标准化组织）"是默认的标注样式，直到将另一种样式设置为当前样式为止。

（1）标注样式可定义以下内容。

① 尺寸线、尺寸界线、箭头、圆心标记和弧长符号的格式和位置，折断标注、半径折弯标注和线性折弯标注的格式。

② 标注文字的外观、位置和格式。

③ AutoCAD 放置文字和尺寸线的管理规则。

④ 全局标注比例。

⑤ 主单位、换算单位和角度标注单位的格式和精度。

⑥ 公差值的格式和精度。

（2）在"新建标注样式-机械"对话框中，可选择下列选项卡进行新样式的标注设置。

①"线"选项卡：设置尺寸线、尺寸界线。

②"符号和箭头"选项卡：设置箭头的大小等。

③"文字"选项卡：设置标注文字的外观、位置和对齐规则。

④"调整"选项卡：设置控制 AutoCAD 放置尺寸线、尺寸界线和文字的选项。同时还定义全局标注比例。

⑤"主单位"选项卡：设置线性和角度标注单位的格式和精度。

⑥"换算单位"选项卡：设置换算单位的格式和精度。

⑦"公差"选项卡：设置尺寸公差的值和精度。

（3）在"新建标注样式"对话框的选项卡中完成修改之后，选择"确定"。选中"机械"样式，单击"置为当前"，单击"关闭"。

（4）在"机械"样式的基础上还可以创建"子样式"。

4. 管理标注样式

（1）设置当前标注样式的步骤如下。

① 从"标注"菜单或"注释"工具面板中选择"样式"。

② 在"标注样式管理器"中选择一种样式，然后选择"置为当前"。也可以用右键单击一种样式将其设置为当前样式。

（2）修改标注样式的步骤如下。

① 从"标注"菜单或"注释"工具面板中选择"样式"。

② 在"标注样式管理器"中选择要修改的样式，然后选择"修改"。

③ 在"修改标注样式"对话框中，选择下列选项卡之一修改样式设置。

④ 选择"确定"，然后选择"关闭"。

5. 标注单个对象

使用线性标注、对齐标注、半径标注、直径标注等命令可每次为一个对象进行标注。

（1）给单个对象标注直线尺寸的步骤如下。

① 从“标注”菜单、工具面板或工具栏中选择“线性标注”或“对齐标注”。

② 选择尺寸的第一个引出点。

③ 选择标注尺寸的第二个引出点。

④ 选择尺寸线的位置。

（2）给单个圆或圆弧进行直径或半径的标注步骤如下。

① 从“标注”菜单、工具面板或工具栏中选择“半径标注”或“直径标注”。

② 选择一个圆或圆弧。

③ 选择尺寸线的位置。

（3）圆弧尺寸的折弯标注步骤如下。

① 从“标注”菜单、工具面板或工具栏中选择“折弯”。

② 选择需要标注的圆弧并用鼠标在屏幕上点选图示中心；

③ 用鼠标点选指定尺寸线的位置；

④ 用鼠标点选指定折弯位置。

（4）弧长的标注步骤如下。

① 从“标注”菜单、工具面板或工具栏中选择“弧长标注”。

② 选择需要标注的圆弧；

③ 选择尺寸线的位置。

（5）等距标注的用法。

可以自动调整平行的线性标注和角度标注之间的间距，或根据指定的间距值进行调整。除了调整尺寸线间距，还可以通过输入间距值“0”使尺寸线相互对齐。由于能够调整尺寸线的间距或对齐尺寸线，因而无需重新创建标注或使用夹点逐条对齐并重新定位尺寸线，如图 4-18 所示。

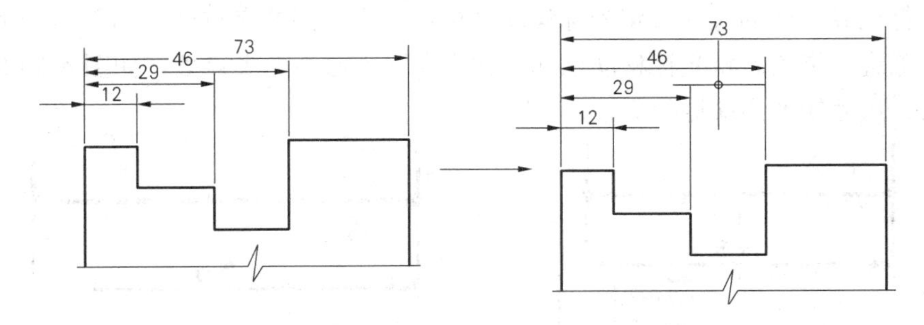

图 4-18　间距标注

① 从“标注”菜单或工具栏中选择“间距标注”

② 选择基准标注（通常选择最下方尺寸或最右尺寸），然后直接按顺序选择尺寸；

③ 两次按回车键选择自动调整。

6. 标注多个对象

若想一次要标注多个对象可以使用“快速标注”。使用该功能可以快速创建成组的基线标注、连续标注、阶梯标注和坐标标注；可以快速标注多个圆和圆弧；可以编辑现有标注的布局。

（1）标注多个对象的步骤如下。

① 从“标注”菜单或工具栏中选择“快速标注”。

② 选择要标注的对象，然后按回车键。

③ 在提示下输入标注类型，或者按回车键使用默认类型。

④ 指定尺寸线的位置。

（2）编辑标注的步骤如下。

① 从“标注”菜单或工具栏中选择 “快速标注”。

② 选择要编辑的标注。若要添加或修改标注，再选择集中要包含其标注的对象。

③ 在提示下输入 e。

④ 若要编辑点，执行以下操作之一：选择要删除的标注的点；输入 a，然后指定要添加的点。

⑤ 输入 x 并退出。

⑥ 如果默认的标注类型不是所需的，在提示下输入标注类型的字母。

⑦ 指定新标注阵列的位置。

⑧ 按回车键。

7. 编辑标注

已建立的标注可能需要对尺寸线位置、尺寸数字位置、引出点的位置等进行移动编辑，这可以使用 AutoCAD 的编辑命令或夹点编辑来实现。

使用夹点对标注进行编辑时，可先单击标注，该标注被选中后，出现有蓝色的空心点。这些点分别表示标注的引出点、尺寸线的位置点、文字的位置点等。编辑方法如下。

（1）选择已经标注的尺寸，将光标移动至标注文字中间的夹点处，如图 4-19 所示，即可对文字的位置进行更改。将光标移动至标注文字左下或右下的夹点处，如图 4-20 所示，即可对尺寸界限、尺寸线及终端进行更改。

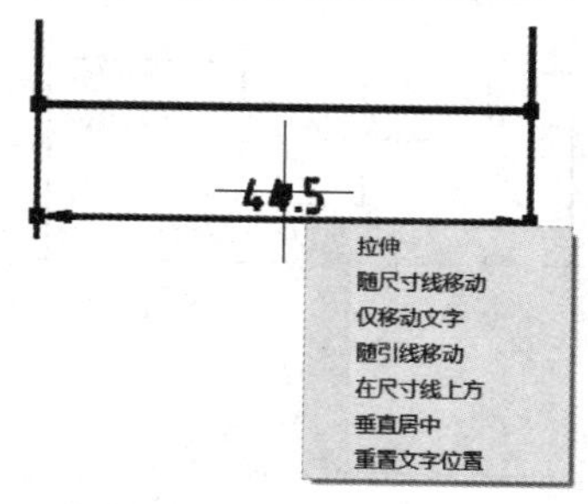

图 4-19　更改文字位置

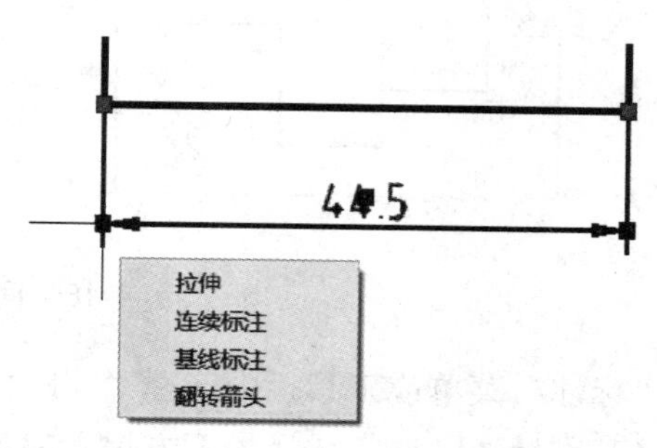

图 4-20　更改尺寸界线、尺寸线及终端

（2）选择已经标注的尺寸，单击“标注”工具栏上的“编辑标注”按钮，在命令行输入“[默认(H)/新建(N)/旋转(R)/倾斜(O)]”中的任意一项对尺寸进行编辑。

（3）选择已经标注的尺寸，单击“标注”工具栏上的“编辑标注文字”按钮，在命令行输入“[左(L)/右(R)/中心(C)/默认(H)/角度(A)]”中的任意一项对尺寸数字的位置进行编辑。

8. 创建引线和注释

多重引线是连接注释和图形对象的线。文字是最普通的注释。但是，可以在引线上附着块参照和特征控制框。多重引线是具有多个选项的引线对象。一般需要创建与标注、表格和文字中的样式类似的“多重引线样式”。还可以将这些样式转换为工具并将其添加到工具选项板，以便于快速访问。

（1）创建“引线”的过程。

① 在功能区注释区单击下拉按钮，单击“多重引线样式”按钮，打开如图 4-21 所示的对话框。

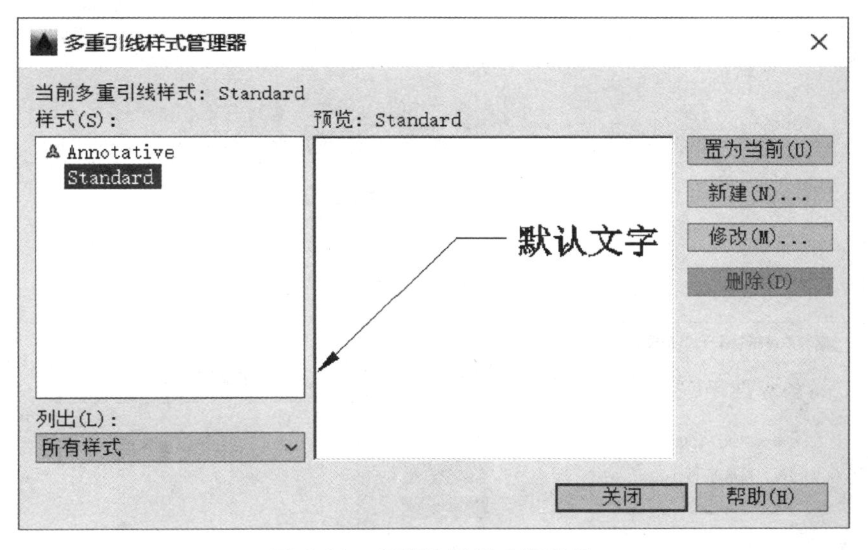

图 4-21　多重引线样式管理器

② 单击“新建”按钮，在弹出的对话框中输入新样式名，并按“继续”，如图 4-22 所示。

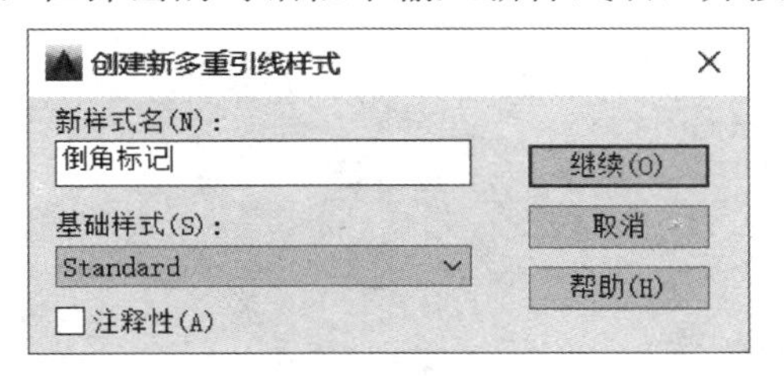

图 4-22　创建新多重引线样式

（2）多重引线的倒角标记。

① 在“多重引线样式”对话框中修改引线格式、引线结构、内容（无箭头、3 个转折点、

引线内容为文本、引线在文本下方，最后一行加下划线)，如图 4-23、图 4-24、图 4-25 所示。

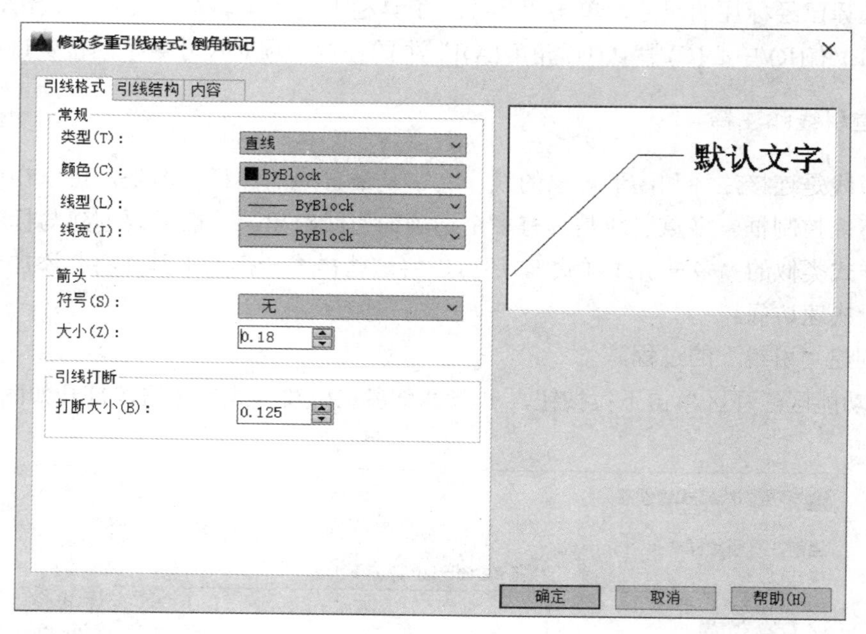

图 4-23　修改引线格式

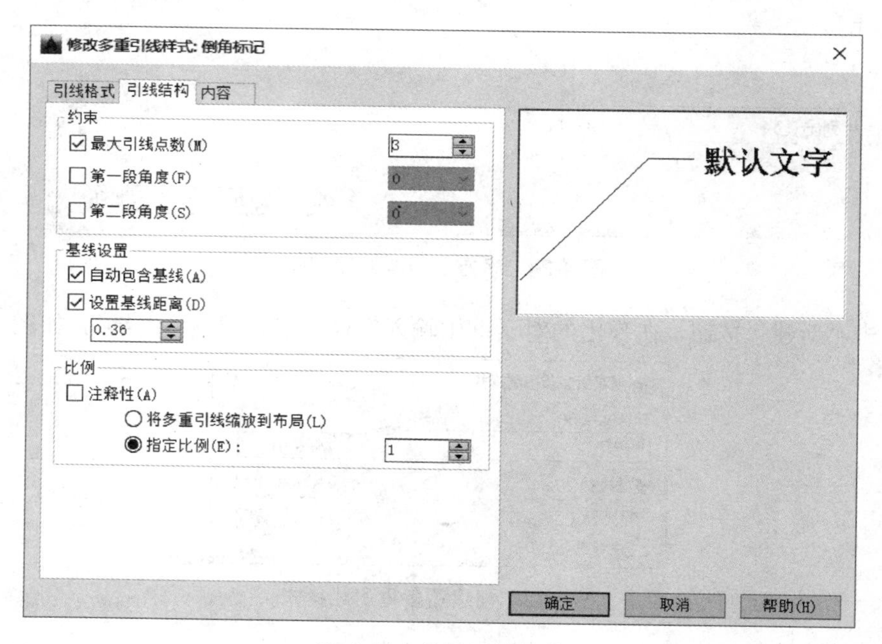

图 4-24　修改引线结构

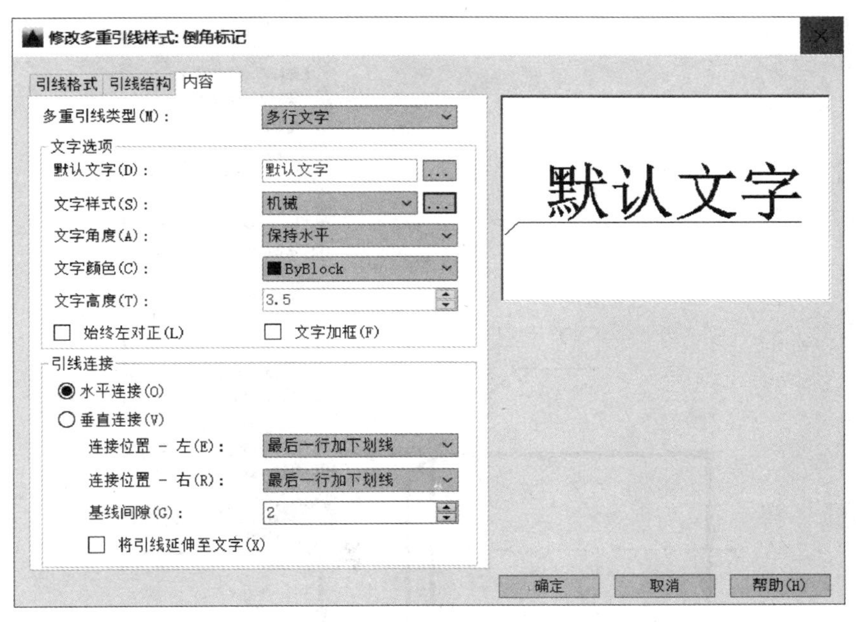

图 4-25　修改引线内容

② 在“多重引线样式管理器”上选择“倒角标记”（新建的样式名），单击“置为当前”，单击“关闭”。

③ 标注倒角时单击“标注”⟶“多重引线”，如图 4-26 所示，按顺序单击图中的“a、b、c”三点，打开“文字格式”对话框，输入“C2”，标注结果如图 4-27 所示。

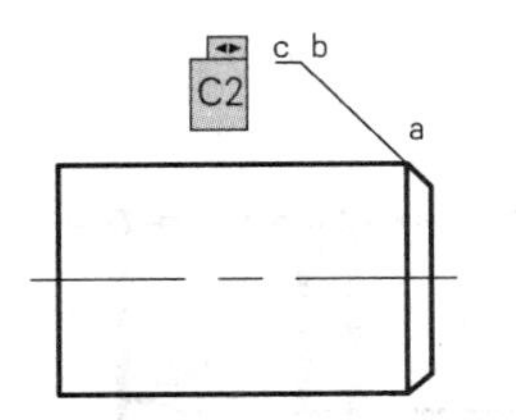

图 4-26　多重引线的标记/倒角标记

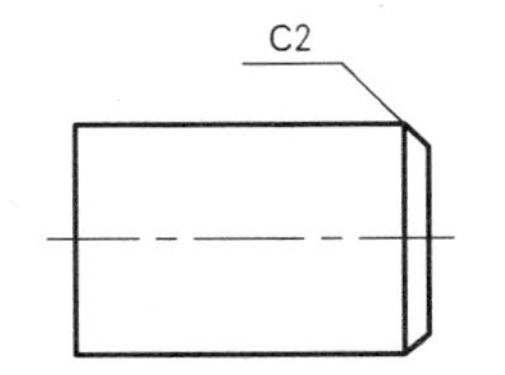

图 4-27　倒角标注结果

9. 常用符号的输入

（1）给尺寸数字前加“ϕ”的方法有以下两种。

① 选中要修改的尺寸数字，单击右键，显示如图 4-28 所示的菜单。单击“特性”，弹出如图 4-29 所示的对话框，在“主单位”选项中的“标注前缀”后输入“%%C”（不分大小写），关闭后，则可将尺寸“16”改为“ϕ16”。

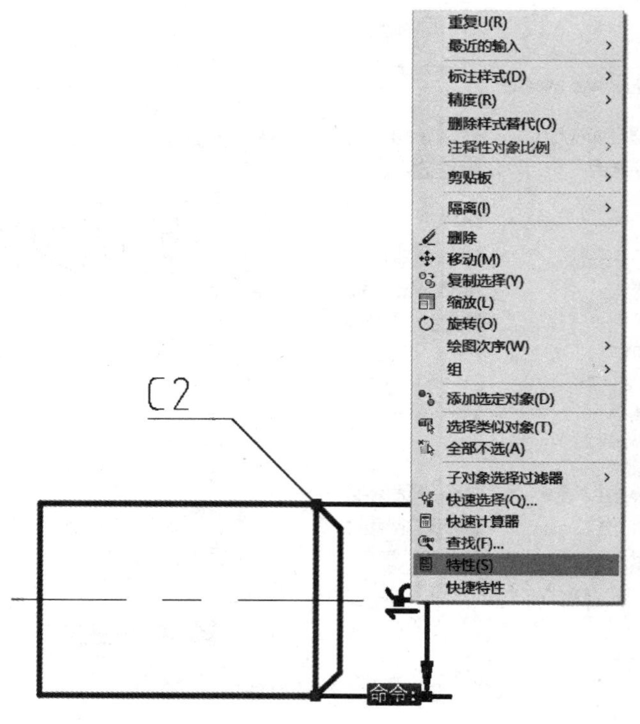

图 4-28　用“特性”编辑尺寸

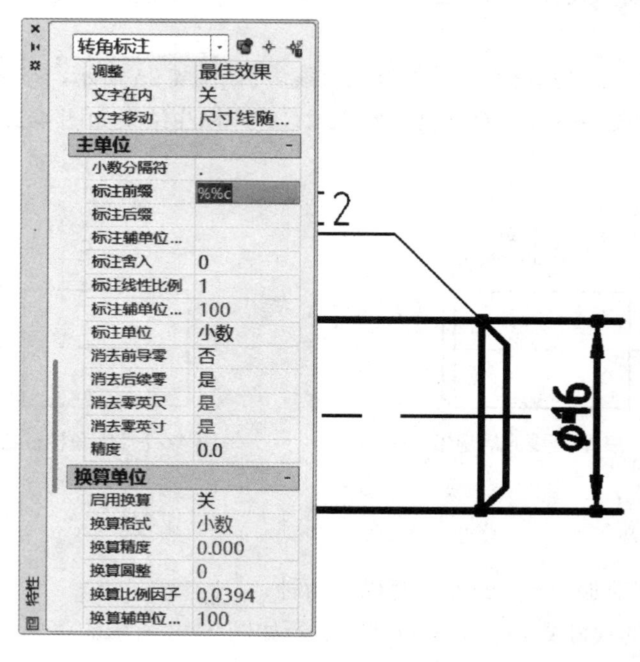

图 4-29　“特性”对话框

② 单击标注工具条中的按钮，选择“新建”，如图 4-30 所示，在文字格式对话框中添加符号，如图 4-31 所示。

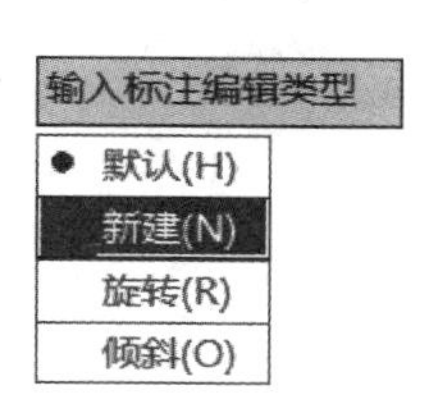

图 4-30　用“编辑标注”修改尺寸

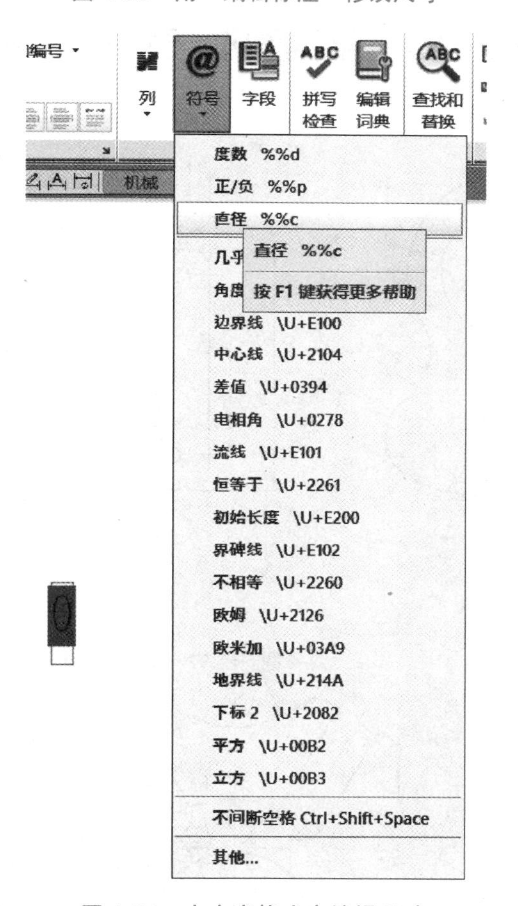

图 4-31　在文字格式中编辑尺寸

（2）角度符号“°”的输入。

如“45°”中的符号“°”的输入方法，为在“特性”中“主单位”选项的“标注后缀”下输入“%%d”（字母不分大小写），也可在文字格式中修改。

（3）其他符号的输入。

单击工具条或功能区上的“文字”⟶“多行文字”按钮 A，在“文字格式”对话框中将“字体”设为“gdt”，输入小写字母“x”、“y”、“v”、“w”、“z”、“a”，可分别得到深度符号、锥度符号、沉孔符号和斜度符号等，如图 4-32 所示。

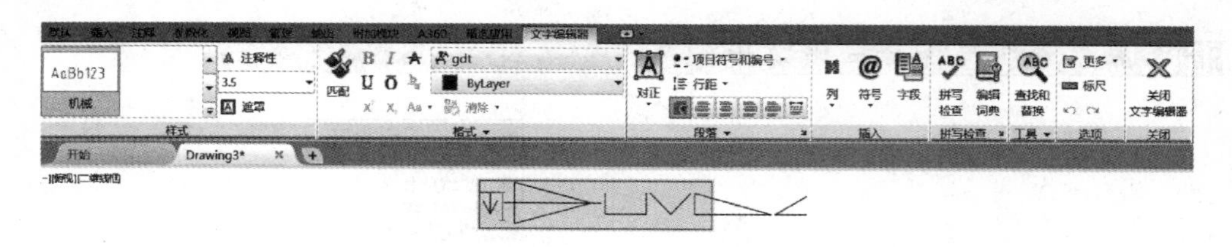

图 4-32　常用符号的输入方法

任务 4.3　平面图形尺寸标注习题

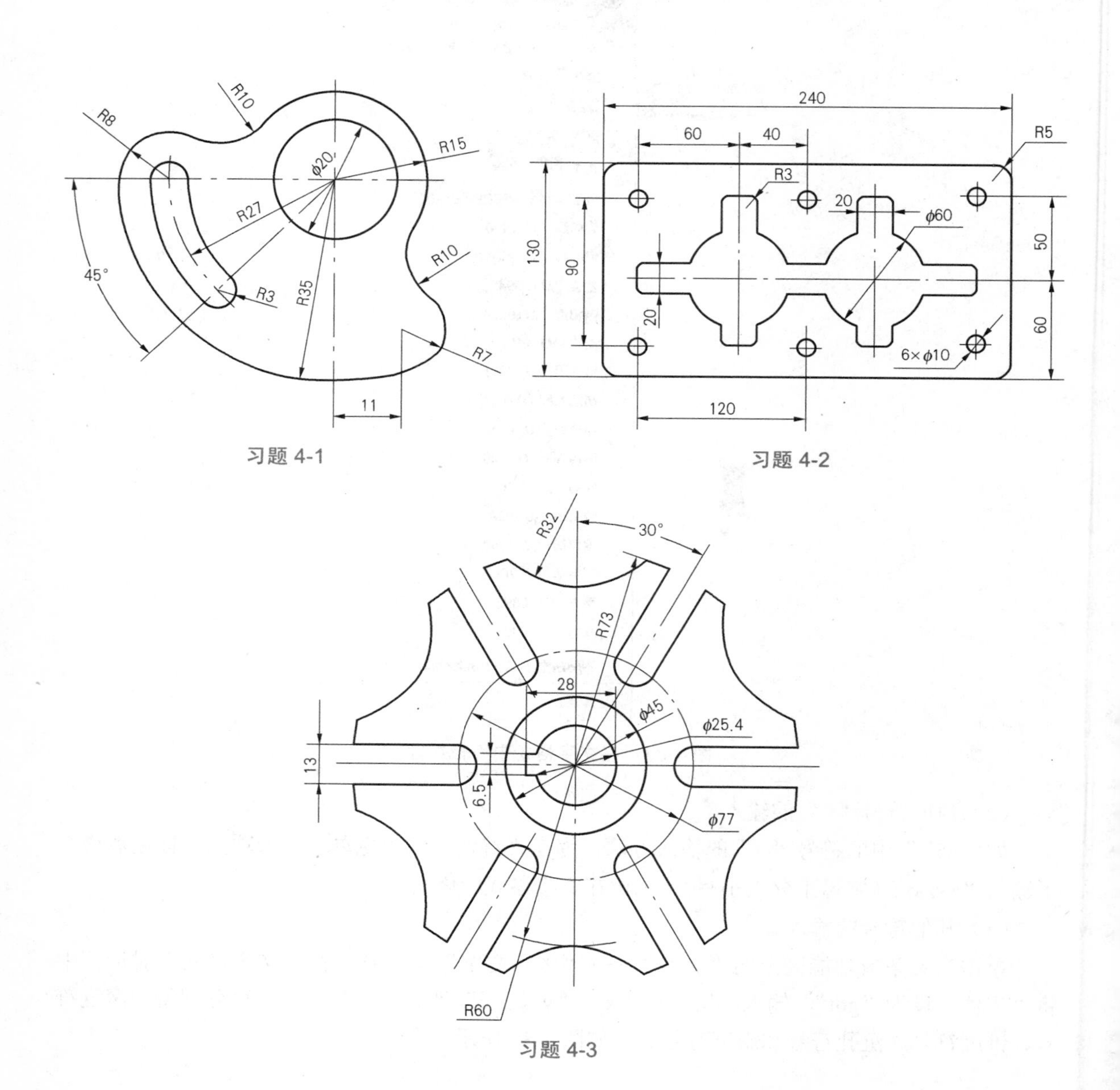

习题 4-1

习题 4-2

习题 4-3

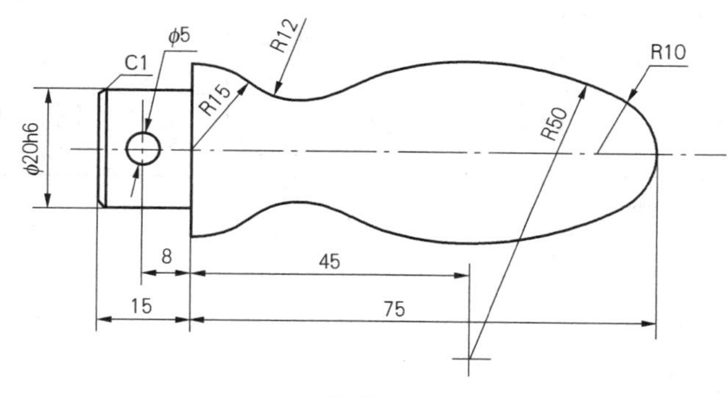

习题 4-4

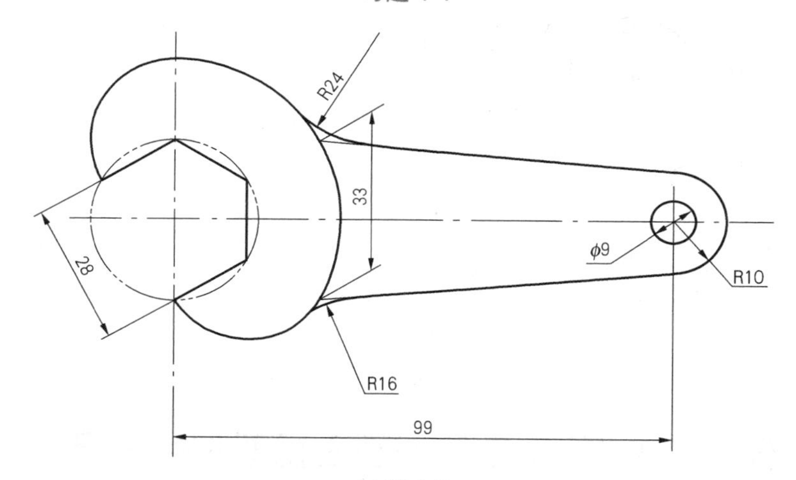

习题 4-5

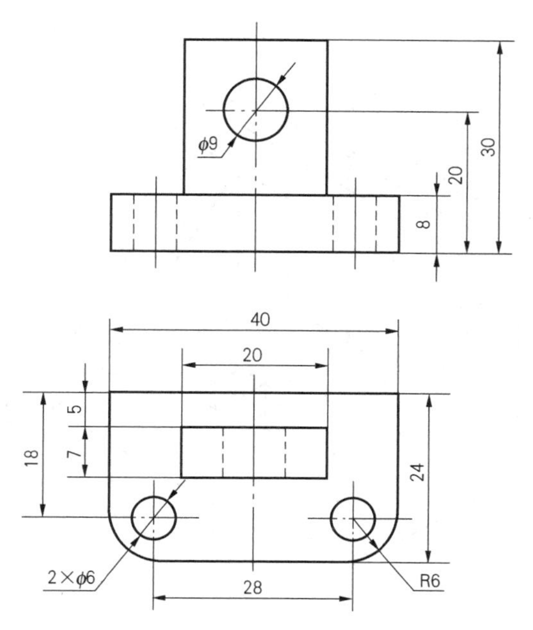

习题 4-6

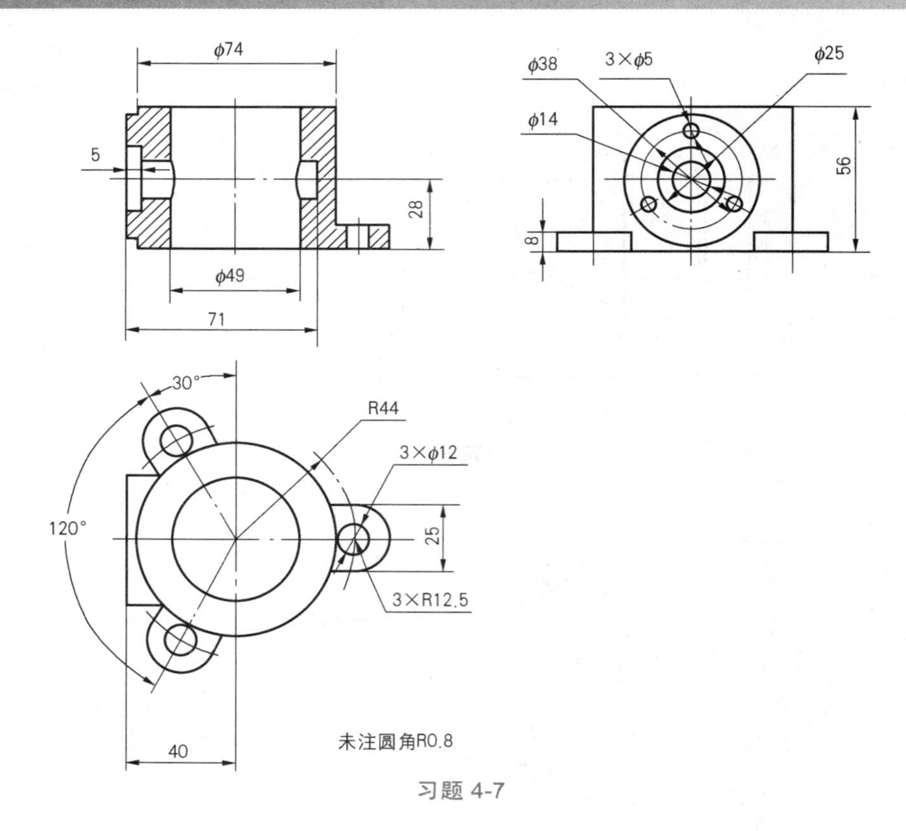

习题 4-7

任务 4.4　根据立体图画三视图并标注尺寸

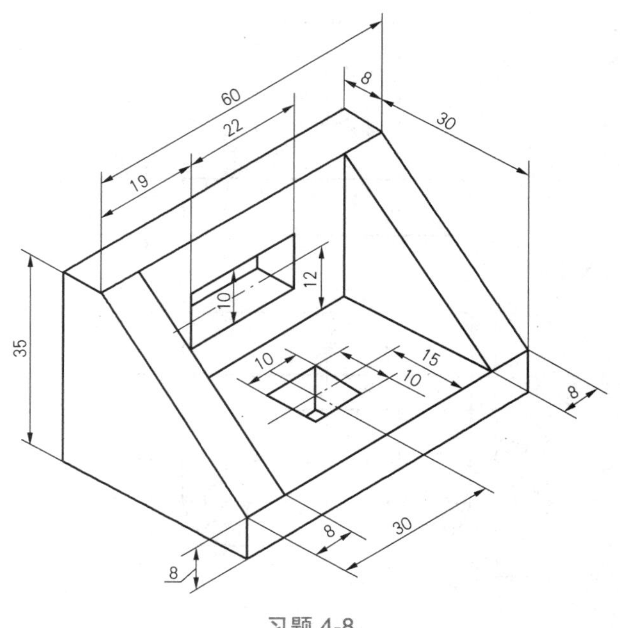

习题 4-8

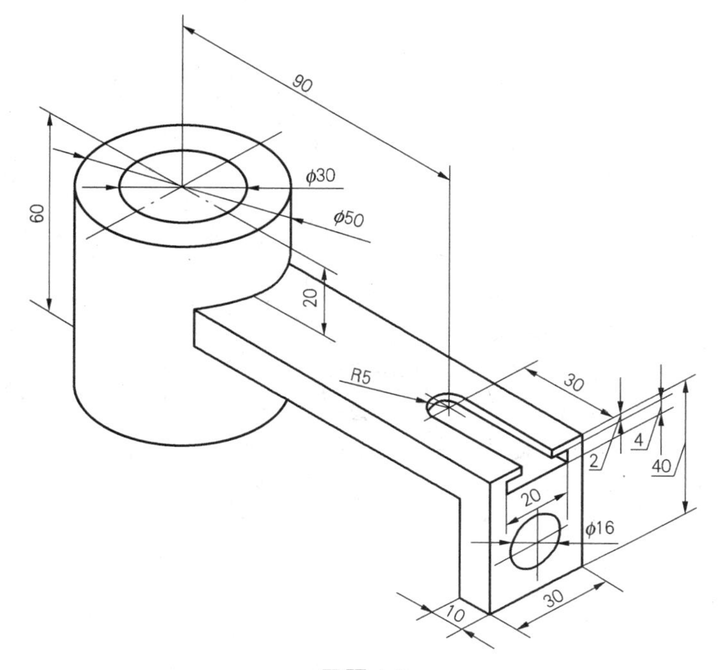
90
ϕ30
ϕ50
60
20
R5
30
2
4
40
20
ϕ16
10
30

习题 4-9

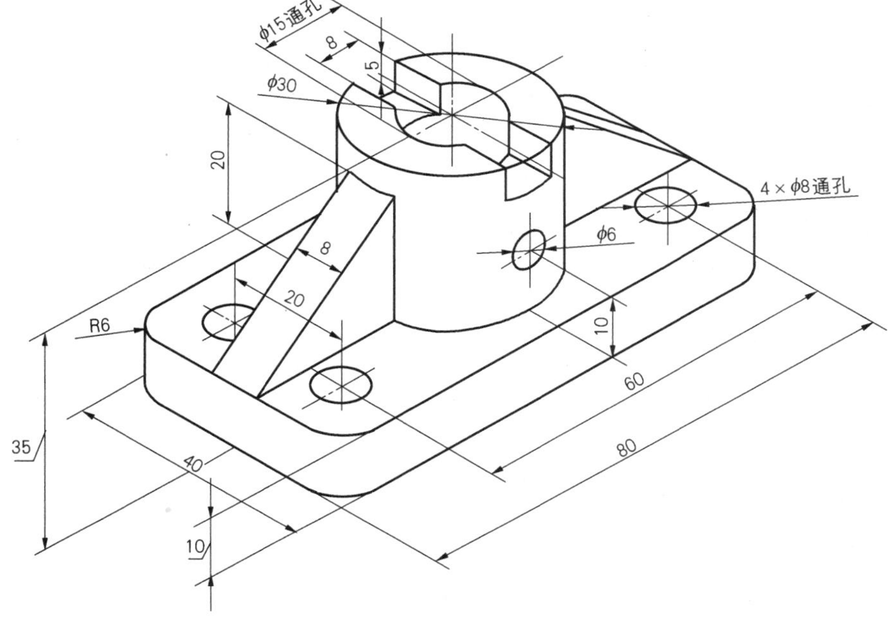
ϕ15通孔
8
5
ϕ30
20
4 × ϕ8通孔
ϕ6
8
20
R6
10
60
35
40
80
10

习题 4-10

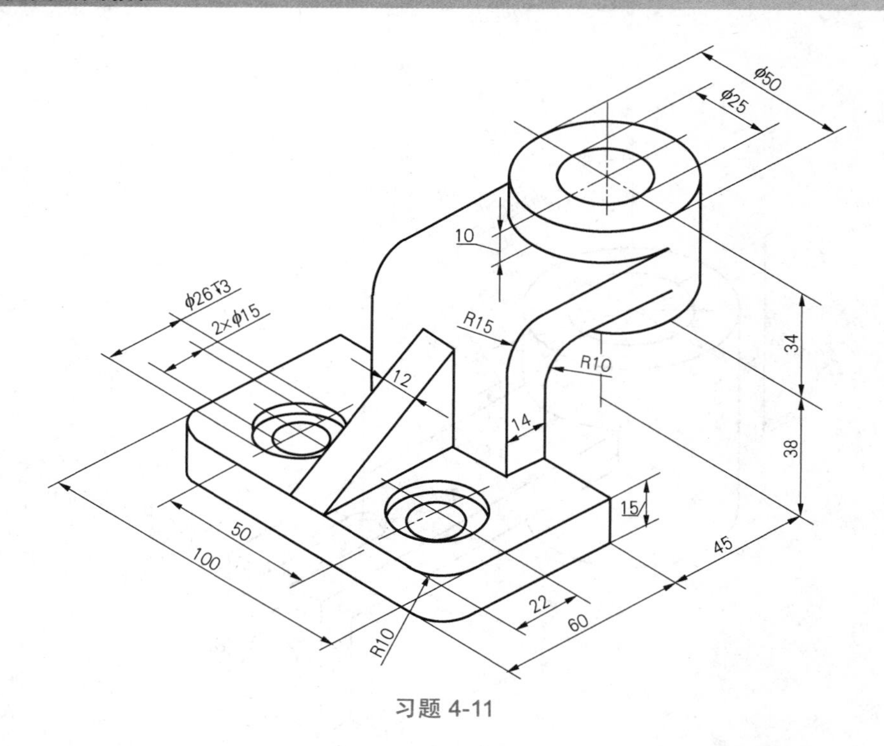

习题 4-11

图　　块

任务 5.1　创建粗糙度代号并标注

5.1.1　任务要求

绘制如图 5-1 所示的图形，并标注粗糙度代号，要求创建带属性的粗糙度代号。

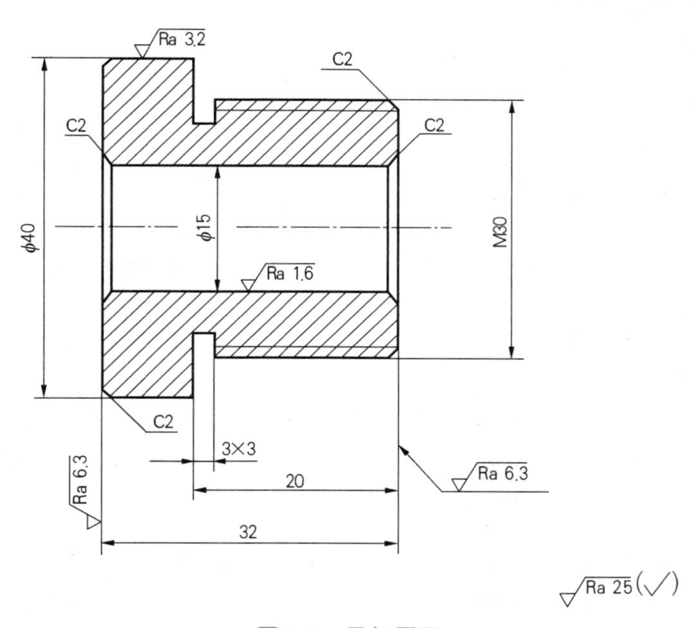

图 5-1　已知图形

5.1.2　任务实施

1. 创建粗糙度代号

（1）在打开的模板文件中，绘制加工表面的粗糙度符号，具体尺寸如图 5-2 所示。

具体操作如下。

① 在标注层上绘制长 15 mm 的直线，采用“偏移”命令画出另外两条直线，偏移距离为 3.5 mm，如图 5-3 所示。

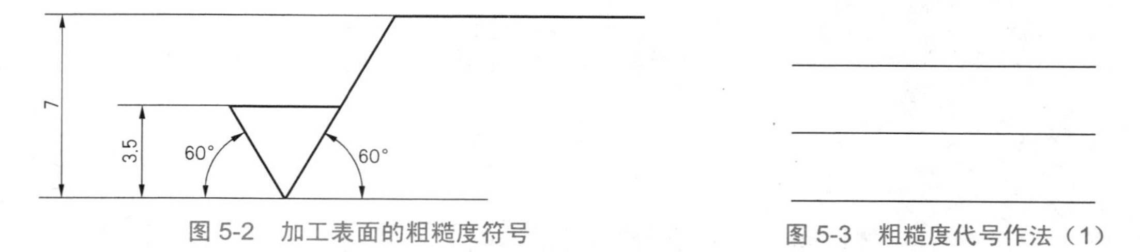

图 5-2　加工表面的粗糙度符号　　　图 5-3　粗糙度代号作法（1）

② 单击状态栏的“极轴”右侧三角符号，出现如图 5-4 所示菜单并进行勾选。绘制如图 5-5 所示图形。

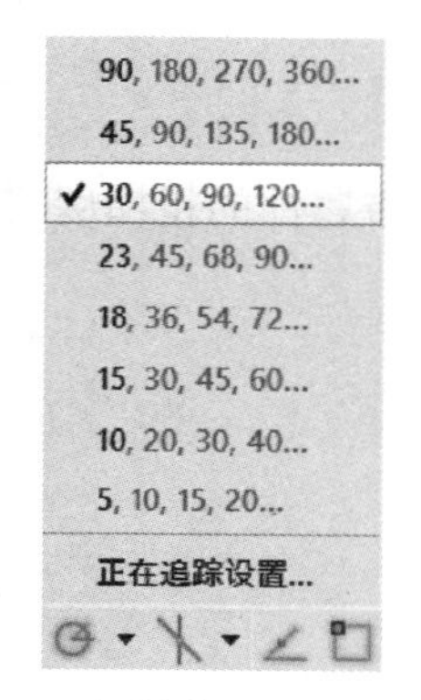

图 5-4　粗糙度代号作法（2）

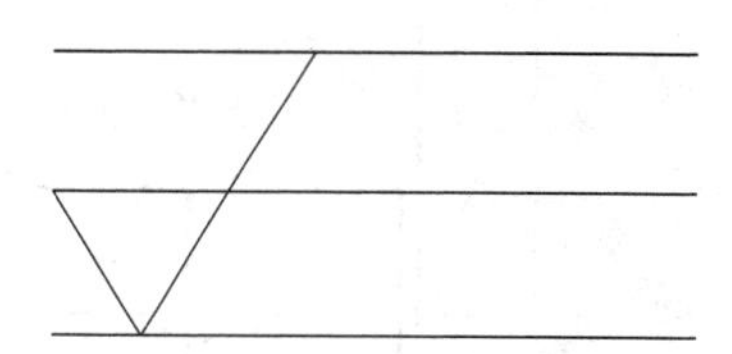

图 5-5　粗糙度代号作法（3）

（2）编辑图形至图 5-2 所示。

（3）写文字“Ra”。

单击功能区中注释区域的多行文字 A 按钮，给定书写范围后，在弹出的对话框中，设置“样式”为：“机械直体”、设置“文字高度”为“3.5”，写文字“Ra”，如图 5-6 所示。确定后，将文字移至恰当的位置，如图 5-7 所示。

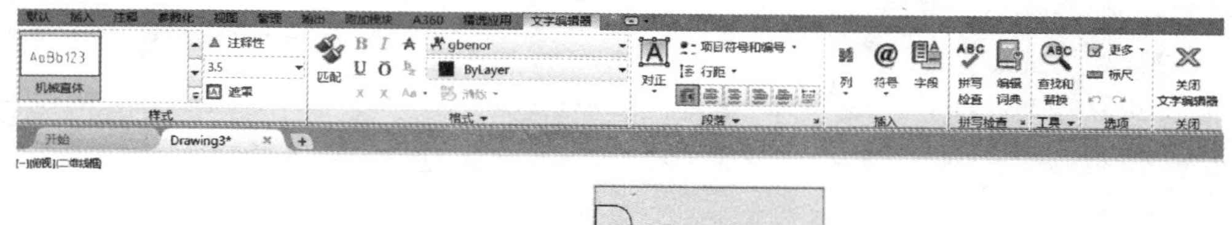

图 5-6　粗糙度代号作法（4）

（4）定义属性。如图 5-8 所示，单击菜单“绘图”→“块”→“定义属性”，在弹出的对话框中，修改选项如图 5-9 所示。完成如图 5-10 所示的代号。

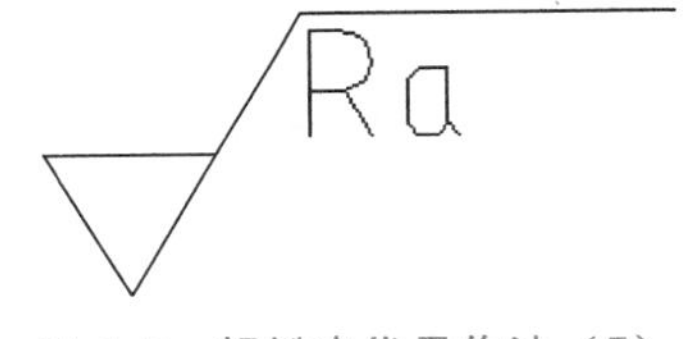

图 5-7　粗糙度代号作法（5）

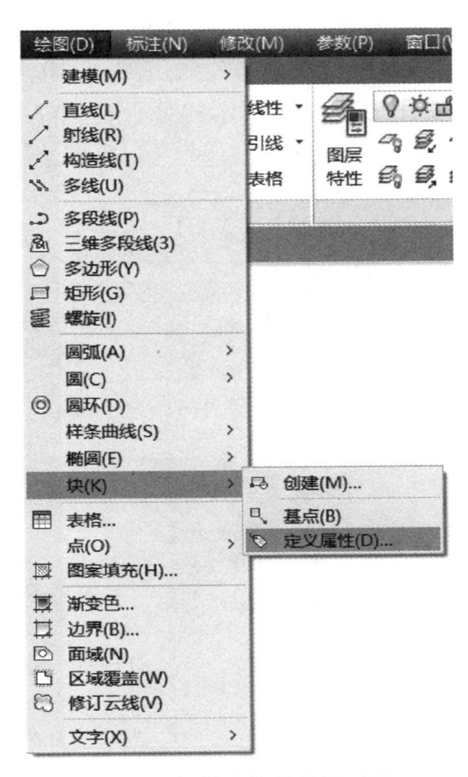

图 5-8　粗糙度代号作法（6）

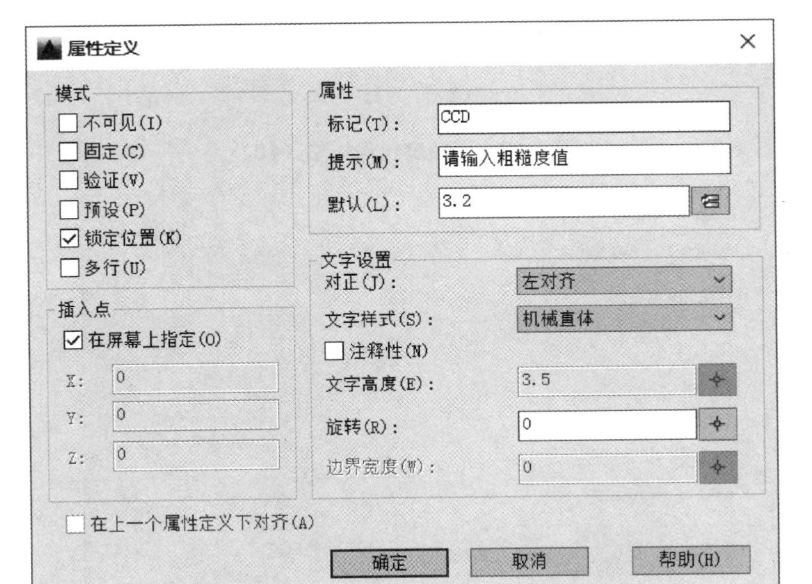

图 5-9　粗糙度代号作法（7）

（5）做块。将图 5-10 所示的代号做成图块，单击绘图工具栏中的“创建块”命令，在弹出如图 5-11 的对话框中进行设置。单击“拾取点(K)”，选中如图 5-12 中的“端点”。单击“选择对象(T)”，框选图 5-10 所示图形。单击“确定”，弹出如图 5-13 所示的对话框，输入粗糙度值“3.2”，单击“确定”。

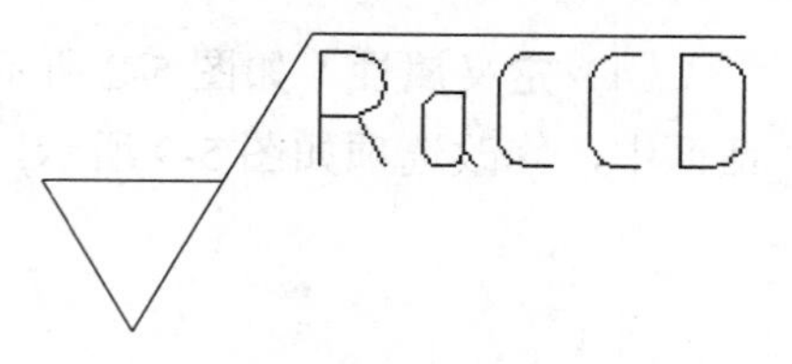

图 5-10　粗糙度代号作法（8）

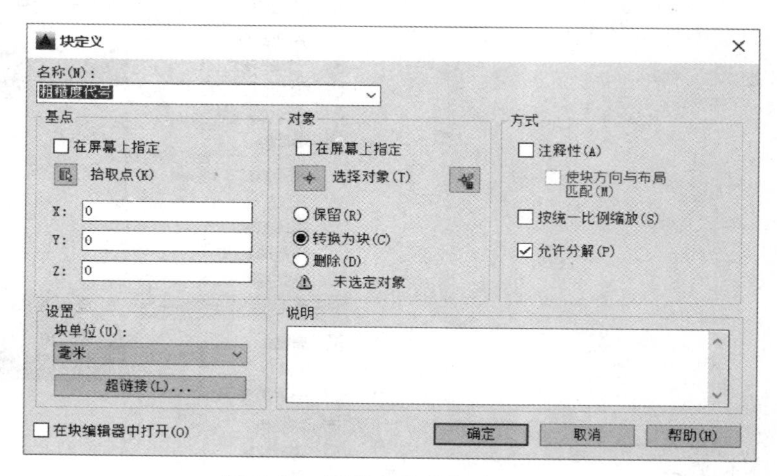

图 5-11　粗糙度代号作法（9）

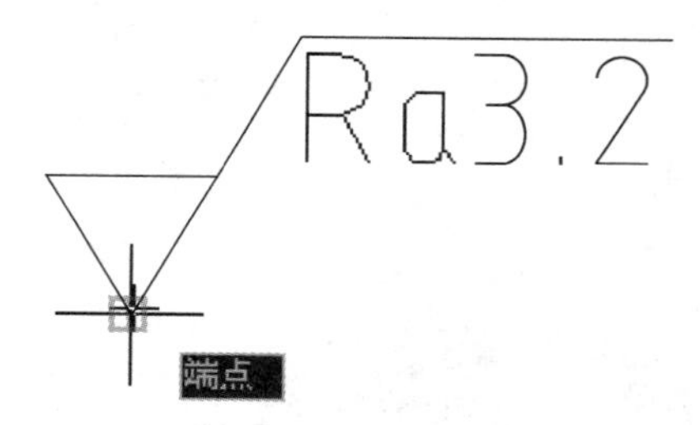

图 5-12　粗糙度代号作法（10）

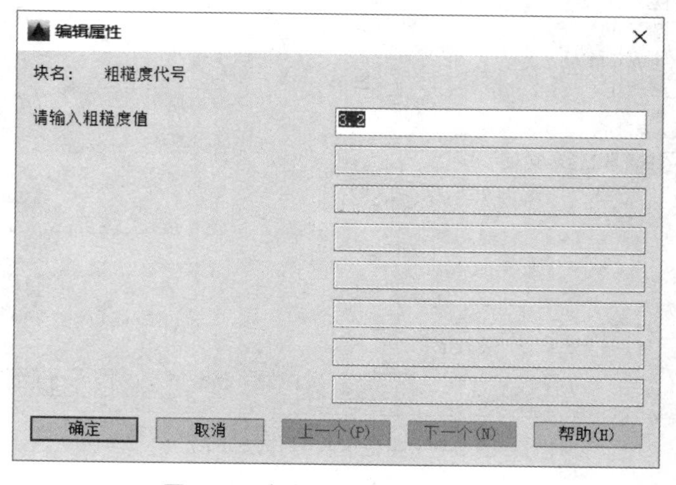

图 5-13　粗糙度代号作法（11）

（6）保存。单击，将图块保存至绘图模板中。

2. 标注方法

单击二维绘图工具栏的“插入块”，弹出如图 5-14 所示对话框。在图 5-1 中，上表面直接标注，左边的表面选择“旋转”选项中的“角度”为“90°”。下表面和右边的表面用引线进行标注。数值大小可以按命令行的提示进行修改。

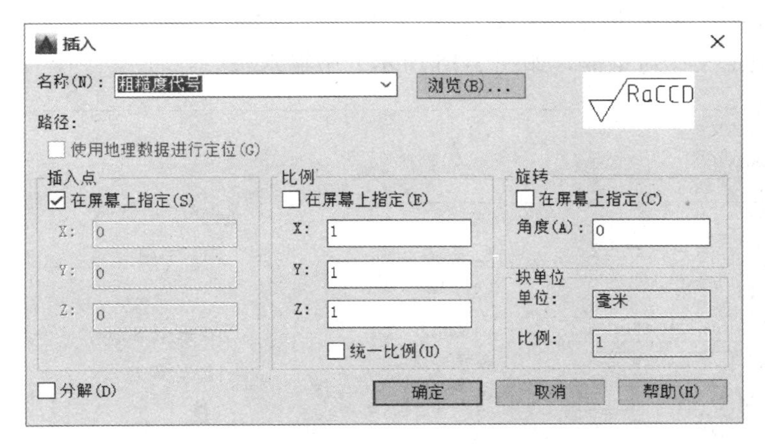

图 5-14　插入粗糙度代号

3. 说明

以上创建的粗糙度代号中的评定参数是轮廓算术平均偏差 *Ra*，评定参数是其他的代号可参照此做法进行。

5.1.3　知识链接

1. 图块概述

图块是可将许多对象作为一个部件进行组织和操作的整体。通过给图块附着属性可以将信息项和图形联系起来，例如将粗糙度代号中的数值作为属性携带给符号，在每次插入图块时，可以根据需要在命令行很方便地修改数值。

使用块有如下一些优点。

（1）建立常用符号、部件、标准件的标准库。可以将同样的块多次插入到图形中，而不必每次都重新创建图形元素。

（2）修改图形时，使用块作为部件进行插入、重定位和复制的操作比使用许多单个几何对象的效率要高。

（3）在图形数据库中，将相同块的所有参照存储为一个块定义可以节省磁盘空间。使用块可以系统地组织绘图任务，从而可以设置、重新设计和将图形中的对象以及和与它们相关的信息排序。

2. 创建块

将对象进行组合可以在当前图形中创建块，也可以将块保存为独立的图形文件以便在其他图形中使用。在定义块之前，必须准确绘制出需要定义成块的图形，然后按照下列步骤创建定义块。

（1）从“绘图”菜单中选择“块”→“创建”（或绘图工具栏上的“ ”按钮）。

（2）在“块定义”对话框（如图 5-15 所示）中输入块名。

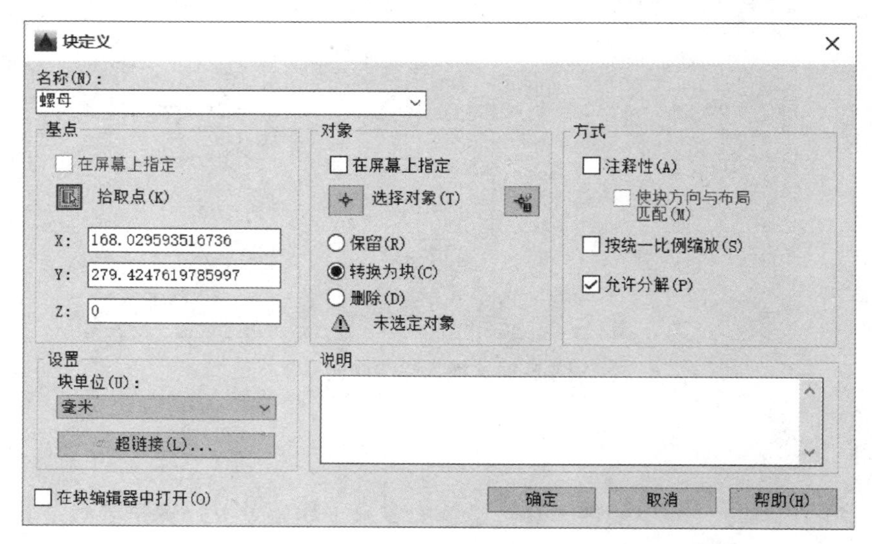

图 5-15 “块定义”对话框

（3）在“对象”中选择“选择对象”按钮，选择包含在块定义中的对象。 如果需要创建选择集，则使用“快速选择”按钮创建或定义选择集过滤器。

（4）在“对象”中指定保留对象、将对象转换为块或删除选定对象。

（5）在“基点”中输入插入基点的坐标值，或选择“拾取插入基点”按钮或使用定点设备指定基点。建议在选取插入点时，尽量选取实物的特征点作为插入点。

（6）在“说明”中输入文字。这样有助于迅速检索块。

（7）选择“确定”。

3. 保存块

图块创建好后，可以在创建它的图形中应用，如果提供给别的图形调用，则可将块或对象保存为独立的图形文件，步骤如下。

（1）在命令提示中输入“wblock”，打开“写块”对话框，如图 5-16 所示。

（2）在“写块”对话框中，指定要写到文件的块或对象。

（3）从“块”列表中选择要保存为文件的块名。

（4）在“基点”下，使用“拾取点”按钮定义块的基点。

（5）在“对象”下，使用“选择对象”按钮为块文件选择对象。

（6）在文本框中输入新文件的名称，保存路径可以在文本框中直接输入，也可以从下拉列表框中选择。

（7）在“插入单位”列表中，选择从设计中心中拖动块时的缩放单位。

（8）单击“确定”，则图块保存为图形文件。

定义块时应注意以下两点：

（1）如果块的组成对象位于图层 0，并且对象的颜色、线型和线宽都设置为“随层”，那么把此块插入当前图层时，位于 0 层的对象插入当前层，其颜色、线型和线宽等都随当前层。

（2）如果组成块的对象的颜色、线型或线宽都设置为“随块”，那么在插入此块时，这些对象特性将被设置为系统的当前值。

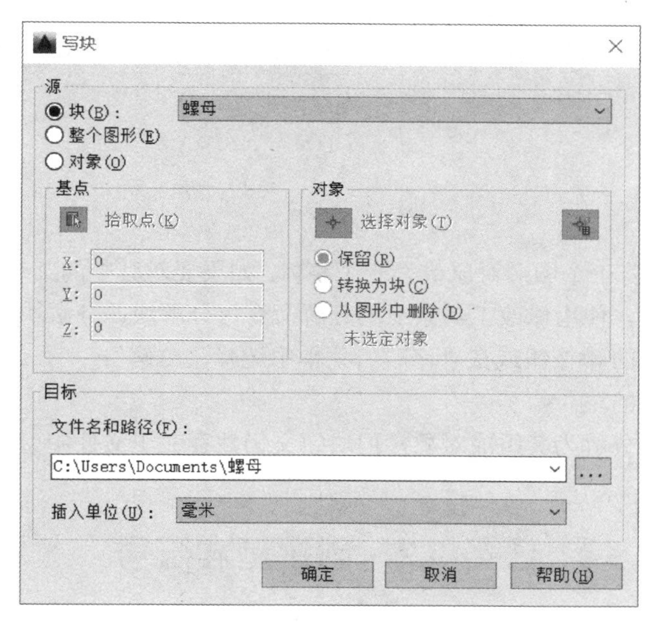

图 5-16 “写块”对话框

4. 插入块

可以使用命令将块或整个图形插入到当前图形中。插入块或图形时，需指定插入点、缩放比例和旋转角。插入块参照的步骤如下。

（1）单击绘图工具栏上的按钮或在“插入”菜单中选择“块”。打开块插入对话框如图 5-17 所示。

（2）在“插入”对话框中的名称栏选择块的“名称”“插入点”“比例”“旋转”以及是否需要分解等。“插入点”在插入图块时与图块的基点重合，可以在屏幕上指定该点，也可以通过下面的文本框输入该点的坐标值。“比例”用于确定插入图块时的缩放比例，图块被插入到当前图形中时，可以任意比例放大或缩小。“旋转”用于指定插入图块时的旋转角度，图块被插入到当前图形中时，可绕其基点旋转一定的角度，输入正值表示逆时针旋转，输入负值表示顺时针旋转。

（3）选择“确定”。在屏幕上单击适当位置即可插入块。

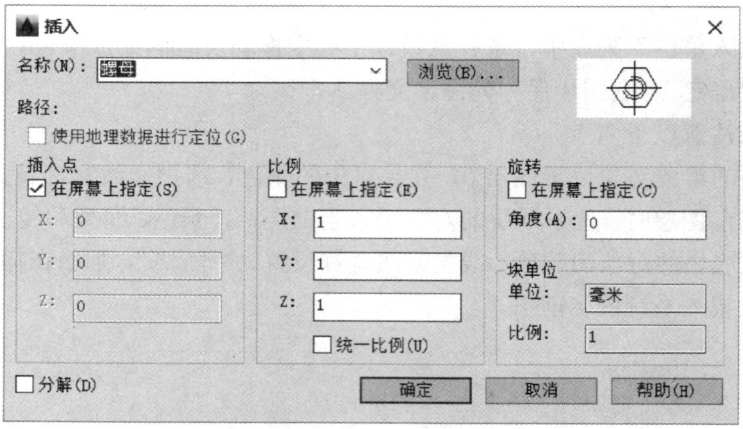

插入
名称(N)：螺母　浏览(B)...
路径：
使用地理数据进行定位(G)
插入点　在屏幕上指定(S)　X：0　Y：0　Z：0
比例　在屏幕上指定(E)　X：1　Y：1　Z：1　统一比例(U)
旋转　在屏幕上指定(C)　角度(A)：0
块单位　单位：毫米　比例：1
分解(D)　确定　取消　帮助(H)

图 5-17 “插入”对话框

5. 分解块

块被定义之后，若干个图形对象成为一个整体。如果要对其中的某个对象进行修改编辑，需要先将这个块分解。使用修改工具条上的分解命令可分解块。分解块的步骤如下。

（1）单击面板上的按钮或在“修改”菜单中选择“分解”。

（2）选定要分解的块。

（3）块的引用被分解为其组成对象，但块定义仍然存在于文件中。

任务 5.2　创建基准符号

5.2.1　任务要求

作基准符号，将基准字母定义为代号的属性。基准符号如图 5-18 所示，符号尺寸如图 5-19 所示。

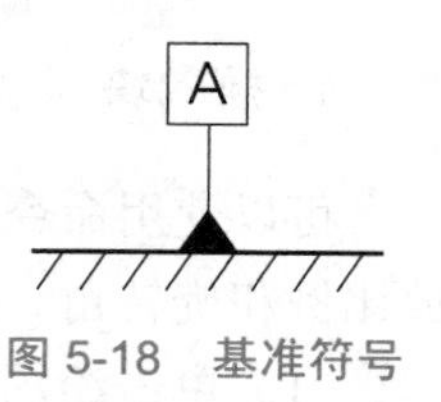

图 5-18　基准符号

5.2.2　任务实施

1. 基准符号制作

（1）在标注层上画出如图 5-19 所示的图形，其中水平线用绘图工具栏中的命令，设置线宽为 0.7。其余图线设置为随层。

（2）定义属性。

① 执行菜单“绘图”→“块”→“定义属性”，系统打开定义属性对话框。

② 指定“属性标记”为“A”；“提示”为“请输入字母”；“值”为“A”（默认状态下为 A）；“文字样式”为“机械直体”；“对正”为中间；“文字高度”为“3.5”，如图 5-20 所示。

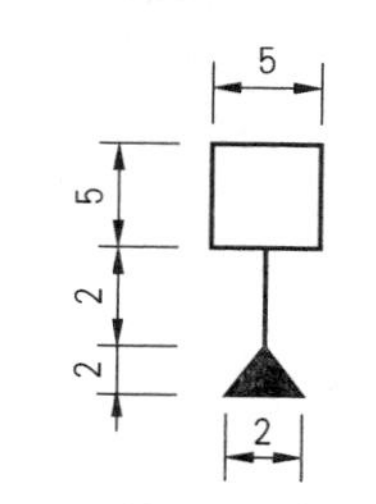

图 5-19　基准符号参考尺寸

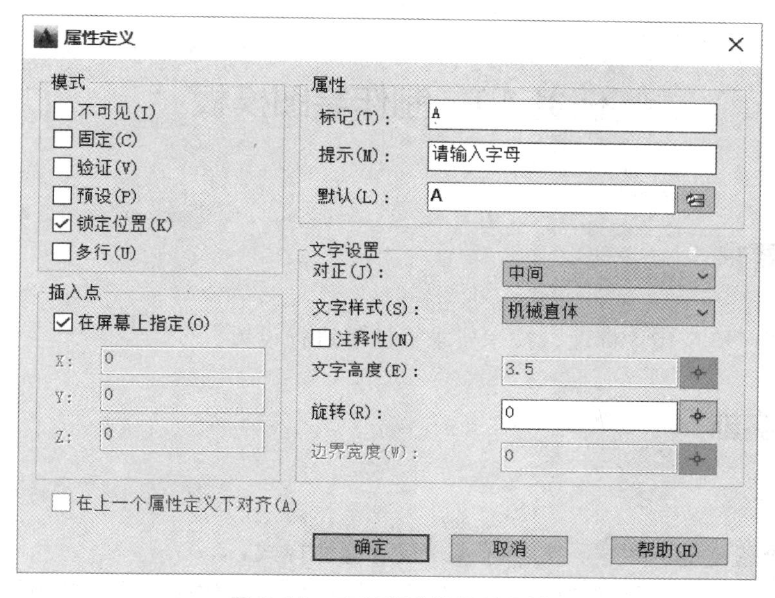

图 5-20　定义基准代号的属性

③ 单击“确定”按钮，选择属性插入点为圆心，代号则变成图 5-18 的效果。

④ 执行“创建块”命令，“选择对象”为整个图形，注意选择合适的插入点。图块命名为“基准符号”。

5.2.3　知识链接

基准符号按规定标注时字头应向上，所以基准符号应有多种，如图 5-21 所示。其他各种的做法可参考以上进行。也可只做一种，所有情况均用此种进行标注，然后将图块分解，旋转字的方向使其字头向上。

图 5-21　各种基准符号

第六单元

零件图绘制

任务 6.1　制作绘图模板

6.1.1　任务要求

对初始绘图环境及尺寸标注、技术要求标注等进行设置。

6.1.2　任务实施

步骤如下。

（1）设置绘图精度、图层、文字样式、尺寸标注样式。

（2）把粗糙度符号、基准符号、锪平符号、深度符号制作成图块，其中粗糙度及基准符号带属性。

（3）保存为样板文件。

6.1.3　知识链接

绘图精度及图层设置见任务 1.3；文字样式设置见任务 3.1；图块制作见任务 5.1 及任务 5.2。

任务 6.2　绘制轴类零件的零件图

6.2.1　任务要求

绘制如图 6-1 所示轴零件图。

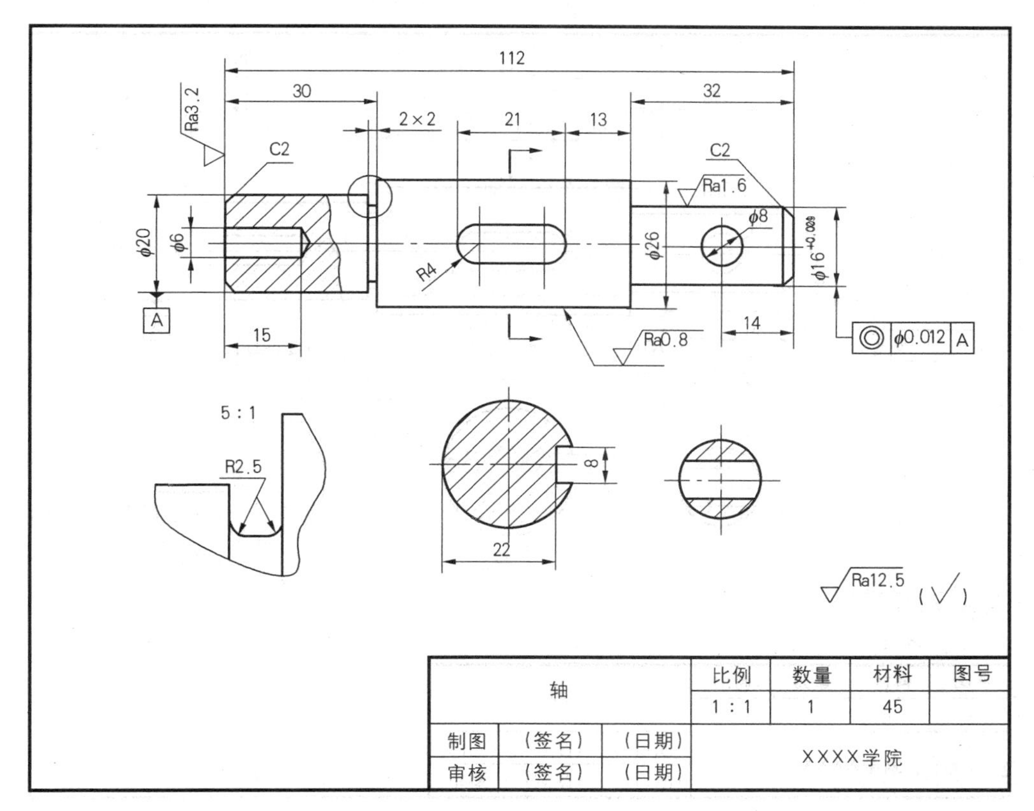

图 6-1　轴零件图

6.2.2　任务实施

操作步骤如下。

（1）调用样板文件，文件名另存为“轴”。

（2）绘制主视图。

① 先将图形绘制成如图 6-2 所示的图形。

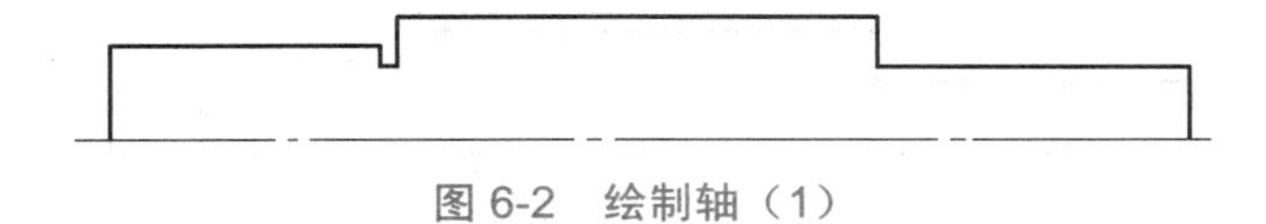

图 6-2　绘制轴（1）

② 用“延伸”、“倒角”命令将图形绘制成如图 6-3 所示的图形。

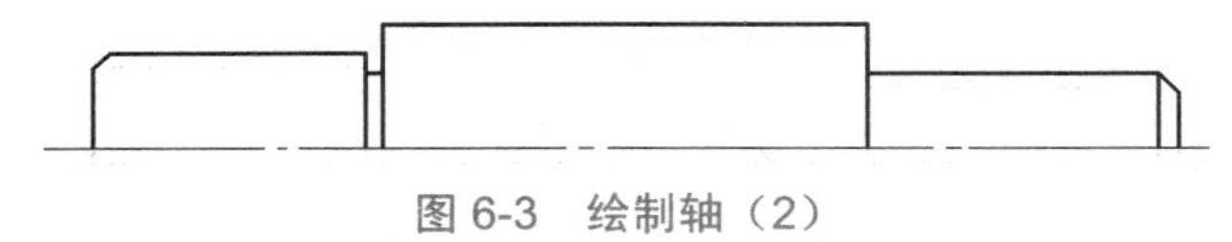

图 6-3　绘制轴（2）

③ 用“镜像”命令复制出轴的下半部分，如图 6-4 所示。

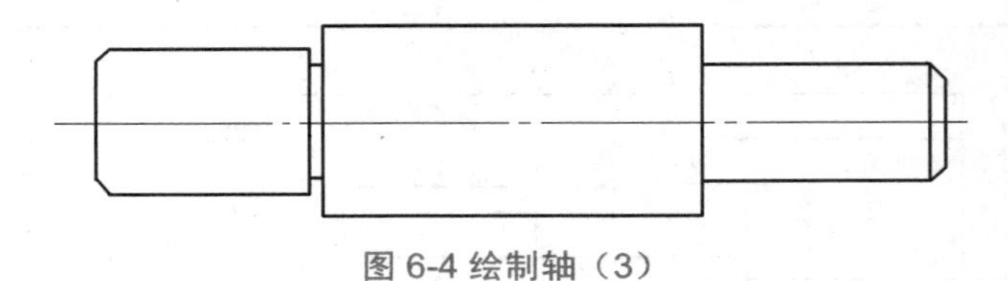

图 6-4 绘制轴（3）

④ 用绘制“圆”的命令、“偏移”命令等绘制出键槽、圆孔等结构，如图 6-5 所示。

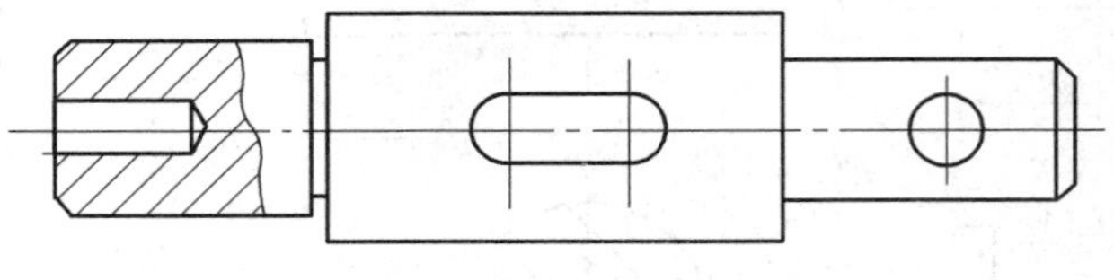

图 6-5 绘制轴（4）

⑤ 用“样条曲线”命令画出局部剖结构，并用“填充”命令绘制出剖面线，如图 6-5 所示。

（3）绘制断面图及局部放大图。

（4）整理图形，并将图形调整至合理位置。

（5）图框及标题栏的调用见第八单元打印输出。

6.2.3 知识链接

绘图过程中要灵活运用缩放、对象捕捉、对象追踪、极轴等辅助绘图工具，并注意切换图层。

任务 6.3 标注尺寸及尺寸公差

6.3.1 任务要求

标注图中的尺寸及尺寸公差。

6.3.2 任务实施

操作步骤如下。

（1）将“机械标注”尺寸标注样式设为当前样式。

（2）按照第四单元的方法标注尺寸。

（3）标注尺寸公差。

① 单击“标注”工具条中的“编辑标注”按钮，选择“新建”，如图 6-6 所示。

② 在弹出的如图 6-7 所示的“文字格式”对话框中输入文字，输入时注意将文字样式及字高设为需要值，上下偏差之间输入符号“^”。

③ 选中上、下偏差值后单击“堆叠”按钮，如图 6-8 所示。

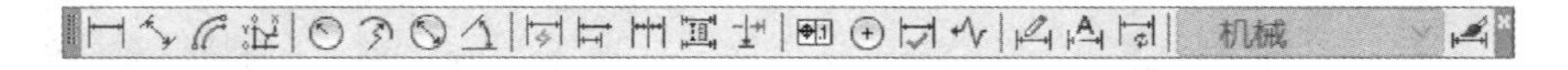

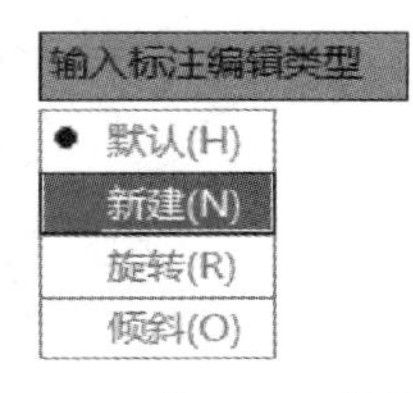

图 6-6　编辑标注

图 6-7　输入所需的数值及尺寸公差值

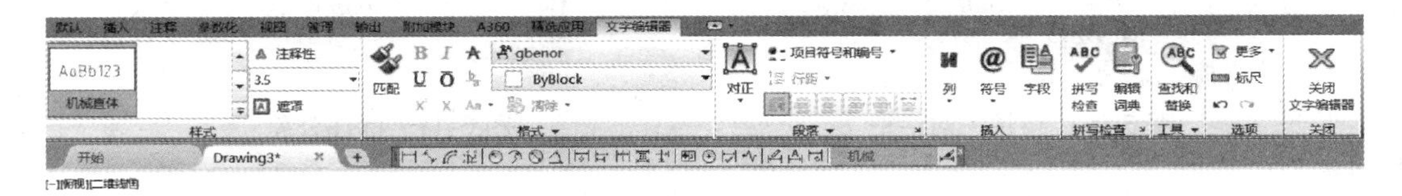

$\phi 16^{+0.021}_{-0.009}$

图 6-8　堆叠

④ 单击鼠标左键，选中需要修改的尺寸即可。

⑤ 其他带有公差的尺寸按照以上方法完成。

6.3.3　知识链接

尺寸公差标注还有另外一种方法，标注步骤如下。

（1）选中需要标注公差的尺寸，单击右键，在出现的菜单中选择 特性(S)，弹出如图 6-9 所示的“特性”对话框。

（2）拖动左边的按钮，分别对各选项进行修改。

① 在“主单位”选项中“标注前缀”下输入“%%C”，如图 6-10 所示。

② 在“公差选项”中将“显示公差”设为“极限偏差”；“公差精度”设为“0.000”；“公

差文字高度”设为“0.5”；分别输入“公差下偏差值”“公差上偏差值”为“0.009”和“0.021”，注意系统自动为上偏差加了一个“+”号，为“下偏差值”加了一个“−”号。

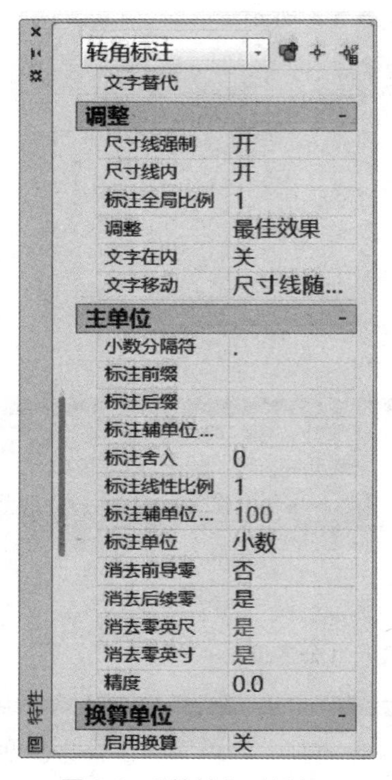

图 6-9 “特性”对话框

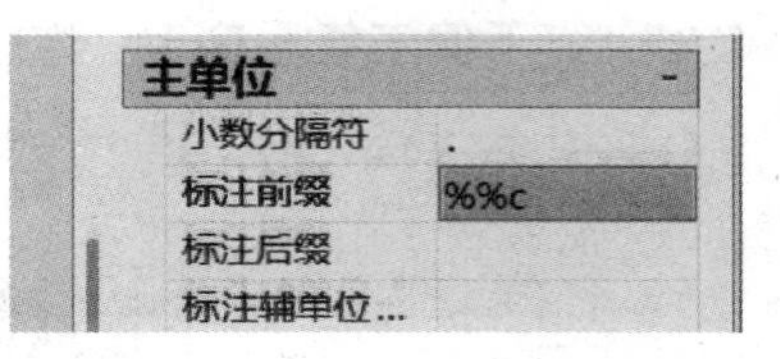

图 6-10 标注前缀

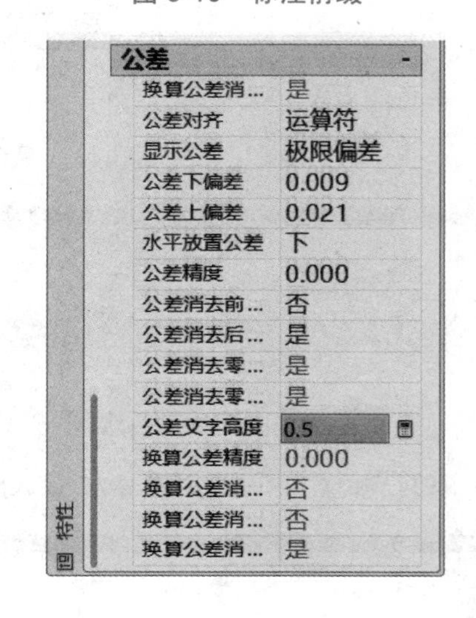

图 6-11 标注公差

③ 单击“关闭”按钮，完成“ $\phi16^{+0.021}_{-0.009}$ ”的标注。

任务 6.4 标注几何公差

6.4.1 任务要求

标注如图 6-1 所示轴零件图中的几何公差。

6.4.2 任务实施

（1）创建引线样式。

① 在功能区注释区单击下拉按键，单击“多重引线样式”按钮，弹出“多重引线样式管理器”对话框，如图 6-12 所示。

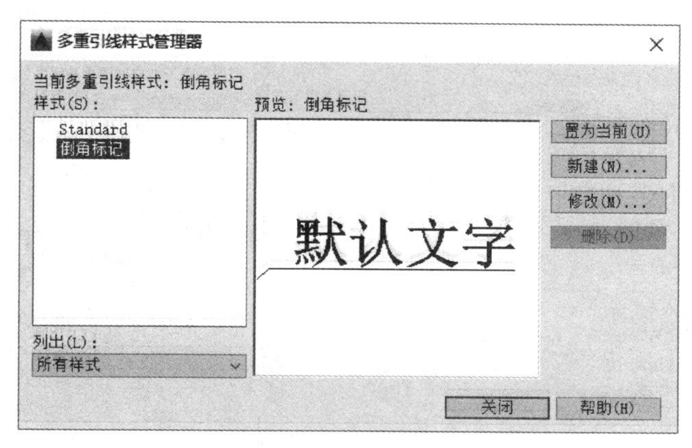

图 6-12　“多重引线样式管理器”对话框

② 单击“新建”按钮，在弹出的对话框中输入新样式名为“形位公差”，单击“继续”按钮。如图 6-13 所示。

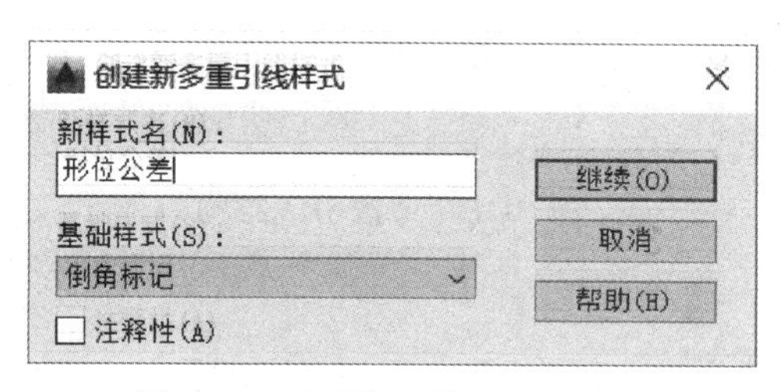

图 6-13　“形位公差”引线样式

③ 修改引线格式、引线结构、内容，如图 6-14、图 6-15、图 6-16 所示。

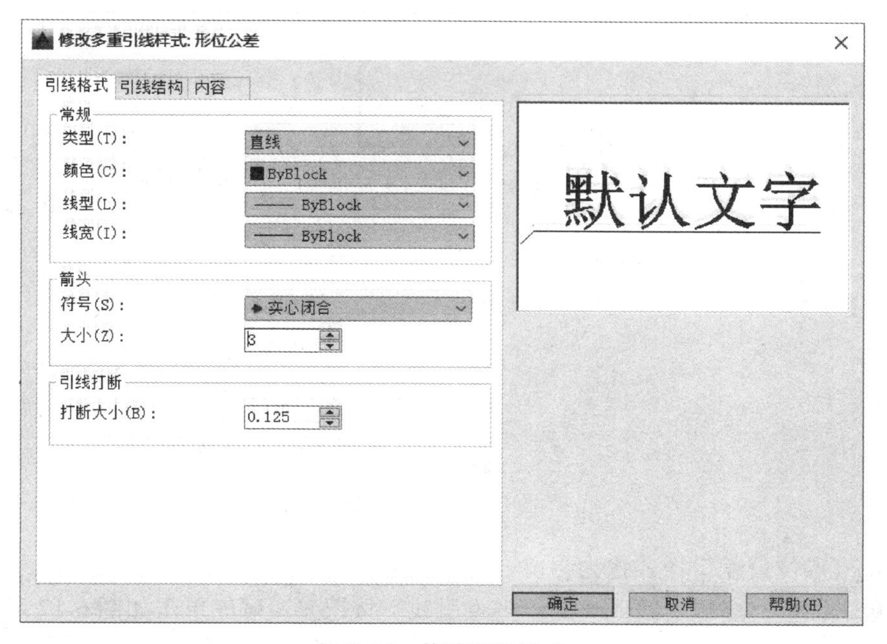

图 6-14　修改引线格式

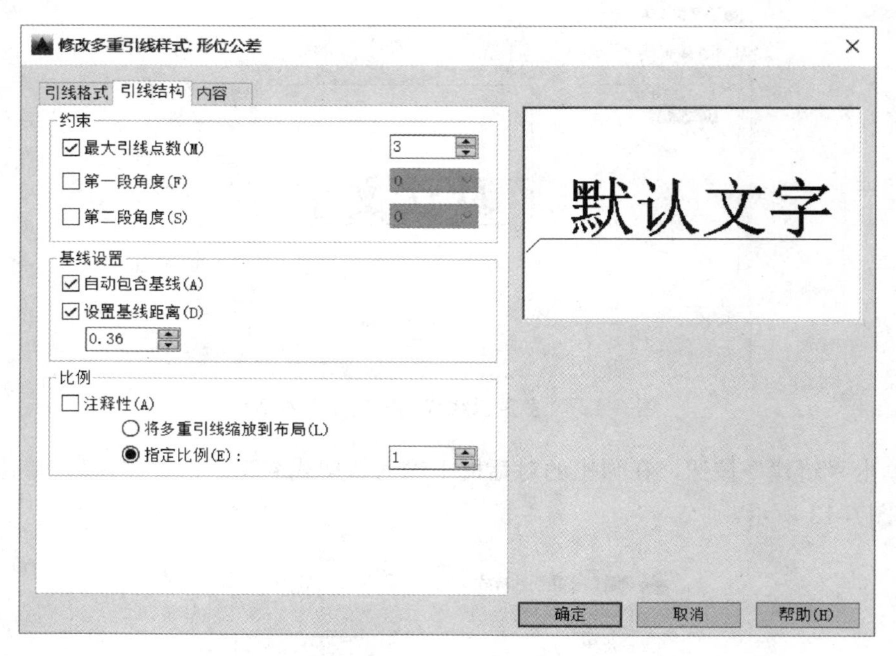

图 6-15　修改引线结构

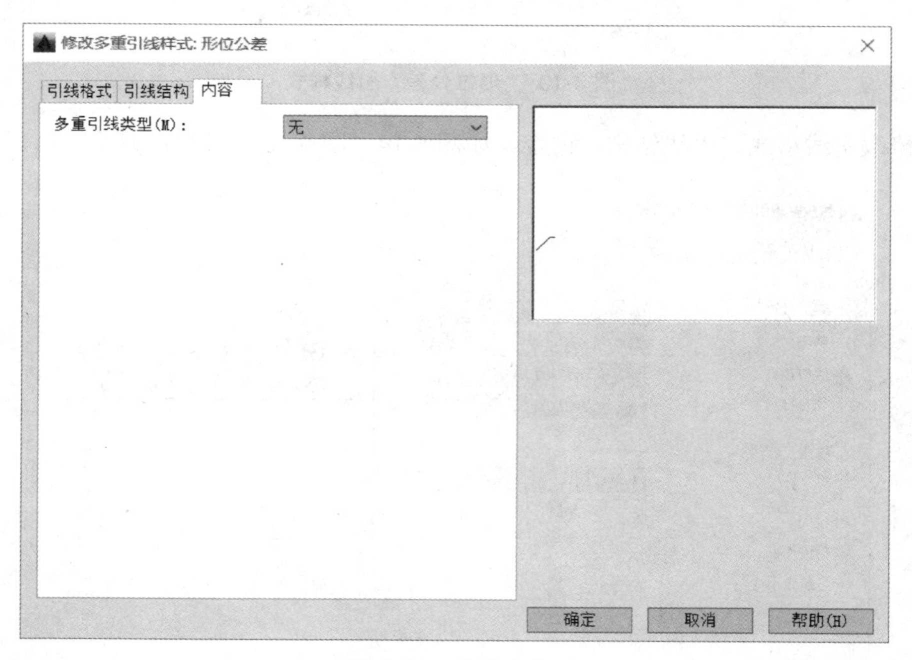

图 6-16　修改内容

（2）将“形位公差”样式置为当前。

（3）单击面板“多重引线”下的“多重引线”按钮，顺序单击如图 6-17 所示的 a、b、c 三点。

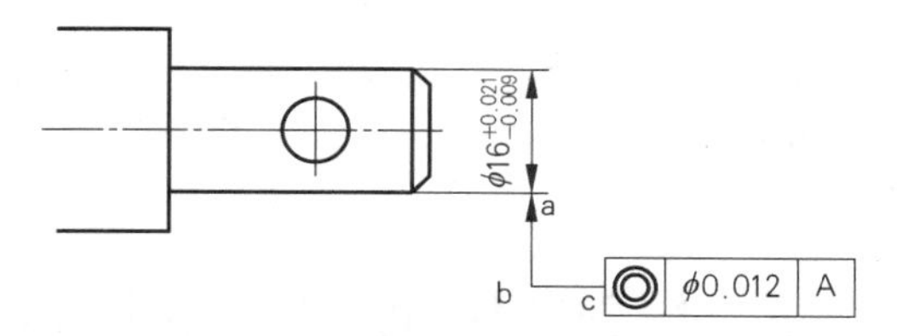

图 6-17　形位公差标注指引线

（4）标注几何公差框格。

① 单击标注工具栏的按钮，或菜单“标注”→“公差”，弹出如图 6-18 所示的“形位公差”对话框。

② 在“符号”选项下单击，弹出如图 6-19 所示的“特征符号”对话框，从中选择所需的符号。在“公差 1”选项下单击可加“ϕ”，输入“0.012”和“A”，如图 6-20 所示。修改符号、输入公差值及基准符号后，单击“确定”按钮。

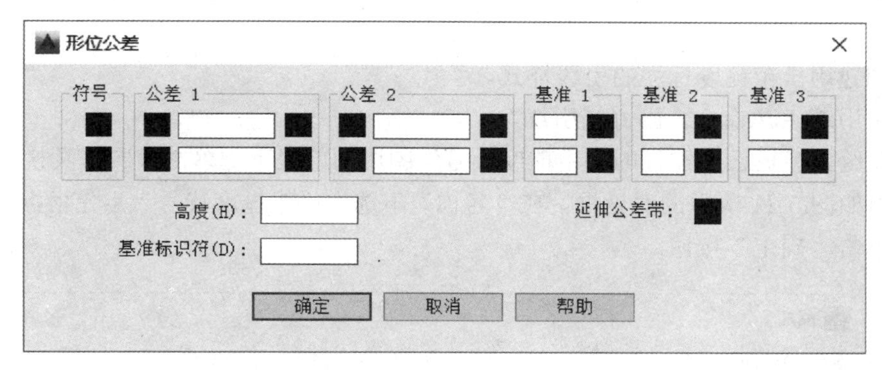

图 6-18　“形位公差”对话框

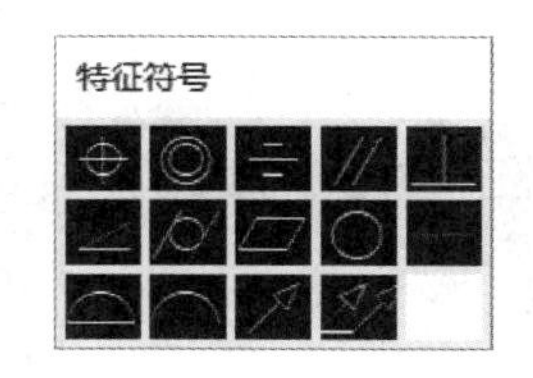

图 6-19　形位公差特征符号

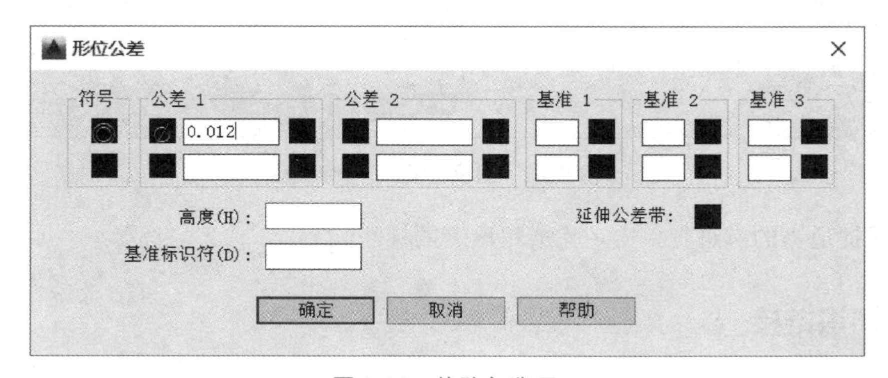

图 6-20　修改各选项

（5）捕捉 c 点，完成被测要素的标注。

（6）调用图块，插入基准符号。

任务 6.5　标注粗糙度及其他技术要求

6.5.1　任务要求

标注如图 6-1 所示轴零件图中的表面粗糙度。

6.5.2　任务实施

（1）创建用于粗糙度标注的引线样式。

（2）使用 引线命令，画好指引线。

（3）在绘图模板已有建好的“粗糙度代号”图块的前提下，单击绘图工具栏的插入块按钮，弹出如图 6-21 所示的对话框。在“名称”下选中“粗糙度代号”后，根据需要设置其他选项后单击“确定”按钮。

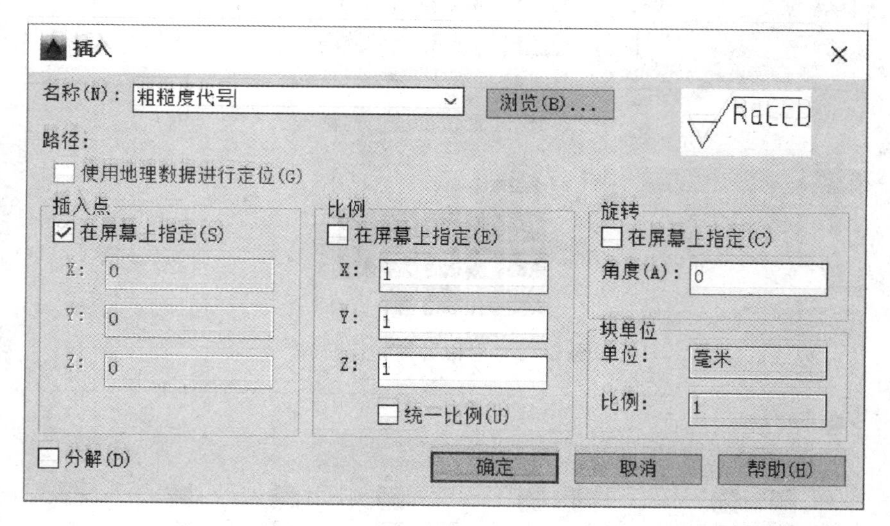

图 6-21　图块“插入”对话框

（4）捕捉适当的点进行单击，完成粗糙度的标注。

6.5.3　知识链接

（1）用多行文字的方式输入用文字说明的技术要求，并移动到适当的位置。

（2）图框及标题栏可以自己绘制，也可使用软件所提供的图框和标题栏，方法见“第八单元打印输出”。

任务 6.6　绘制习题中的零件图

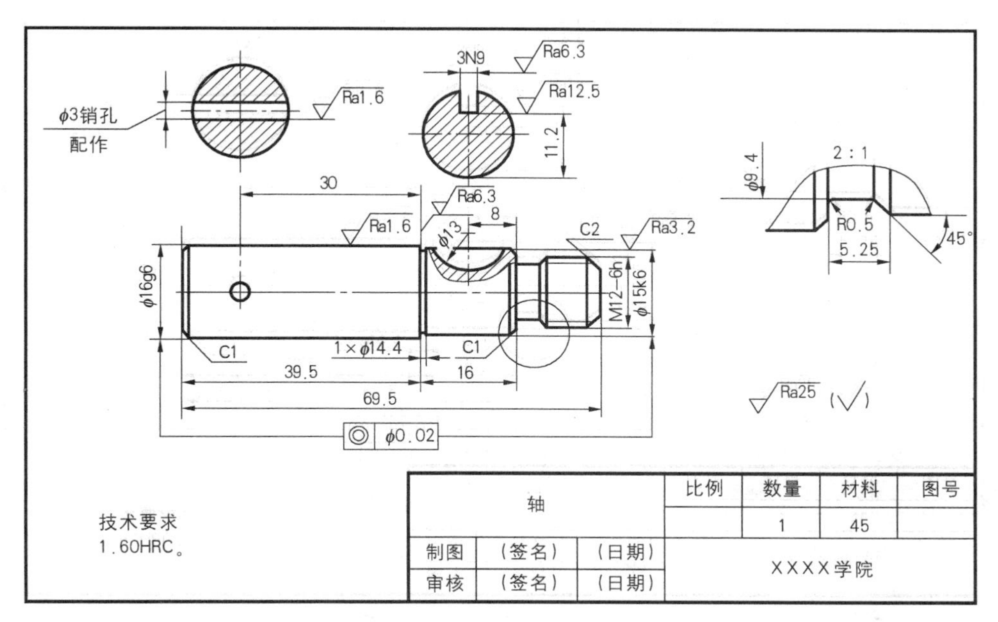

习题 6-1

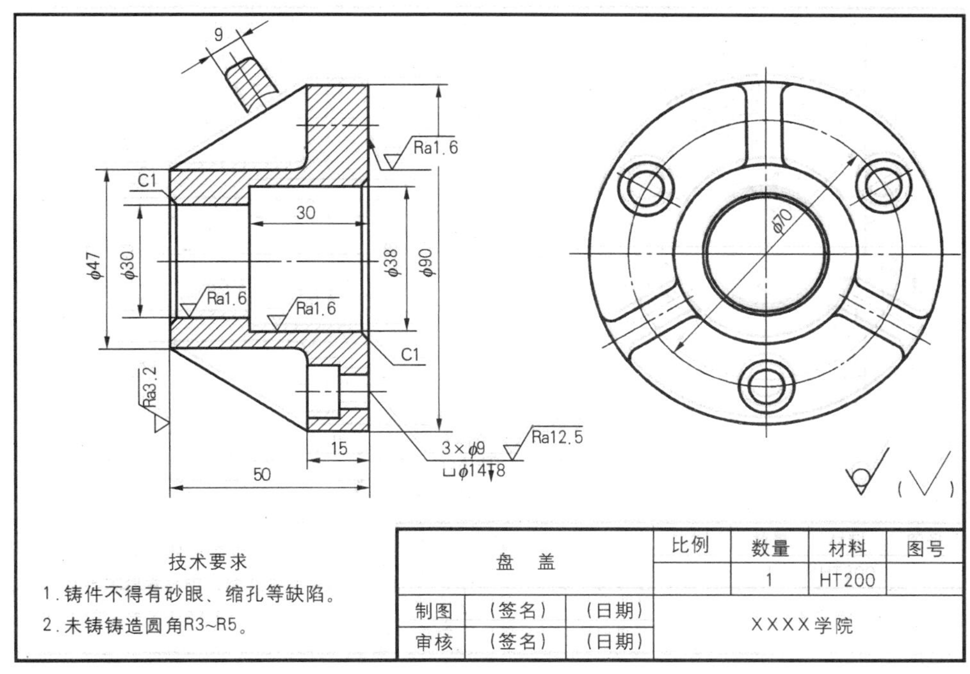

习题 6-2

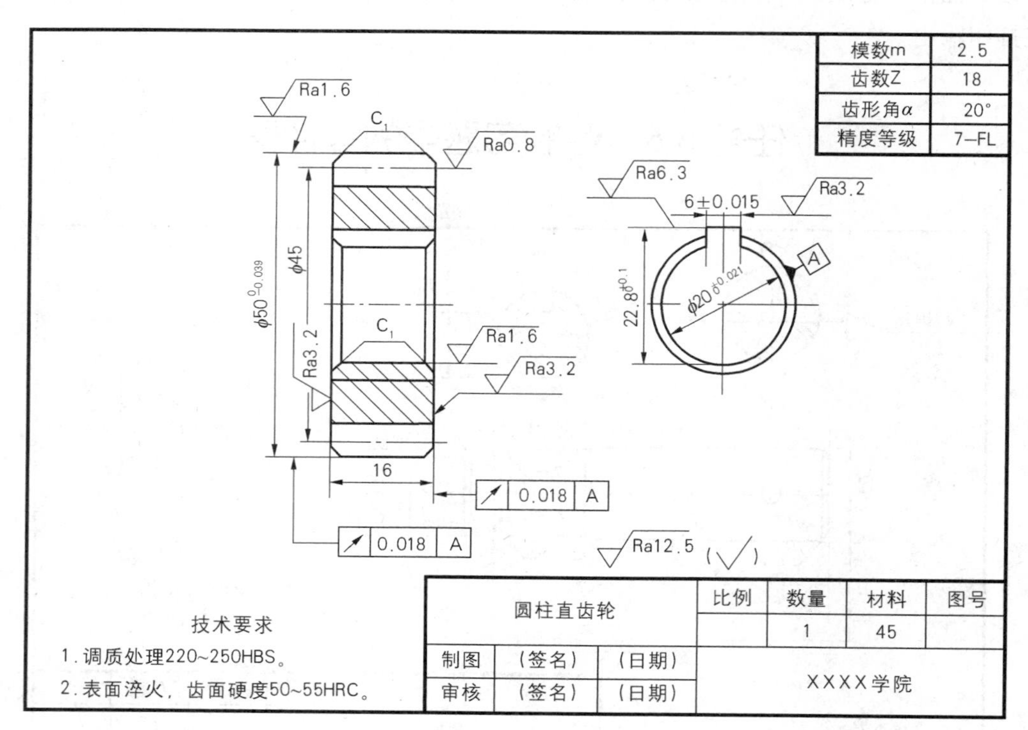
模数m 2.5
齿数Z 18
齿形角α 20°
精度等级 7-FL
Ra1.6
C1
Ra0.8
Ra6.3
6±0.015
Ra3.2
A
φ45
Ra3.2
Ra1.6
Ra3.2
16
0.018 A
0.018 A
Ra12.5 (√)
技术要求
1.调质处理220~250HBS。
2.表面淬火，齿面硬度50~55HRC。
圆柱直齿轮
比例 数量 材料 图号
1 45
制图 (签名) (日期)
审核 (签名) (日期)
XXXX学院

习题 6-3

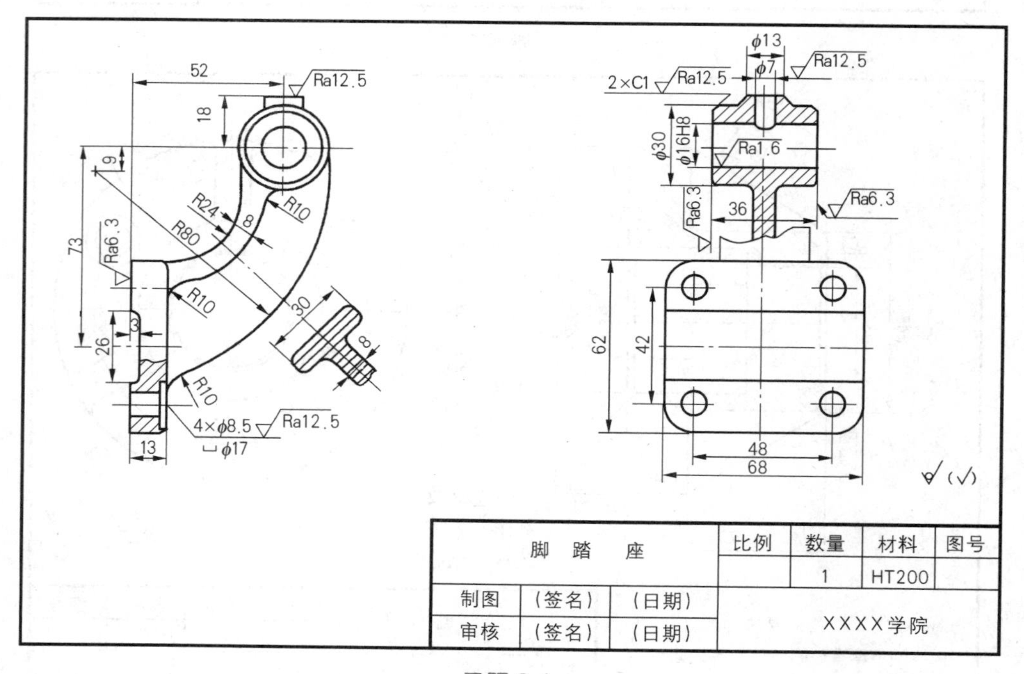
52
Ra12.5
18
9
73
Ra6.3
R24
8
R10
R80
R10
30
8
26
3
R10
4×φ8.5
Ra12.5
⌴φ17
13
φ13
Ra12.5
2×C1
Ra12.5
φ7
φ30
φ16H8
Ra1.6
Ra6.3
Ra6.3
36
62
42
48
68
(√)
脚 踏 座
比例 数量 材料 图号
1 HT200
制图 (签名) (日期)
审核 (签名) (日期)
XXXX学院

习题 6-4

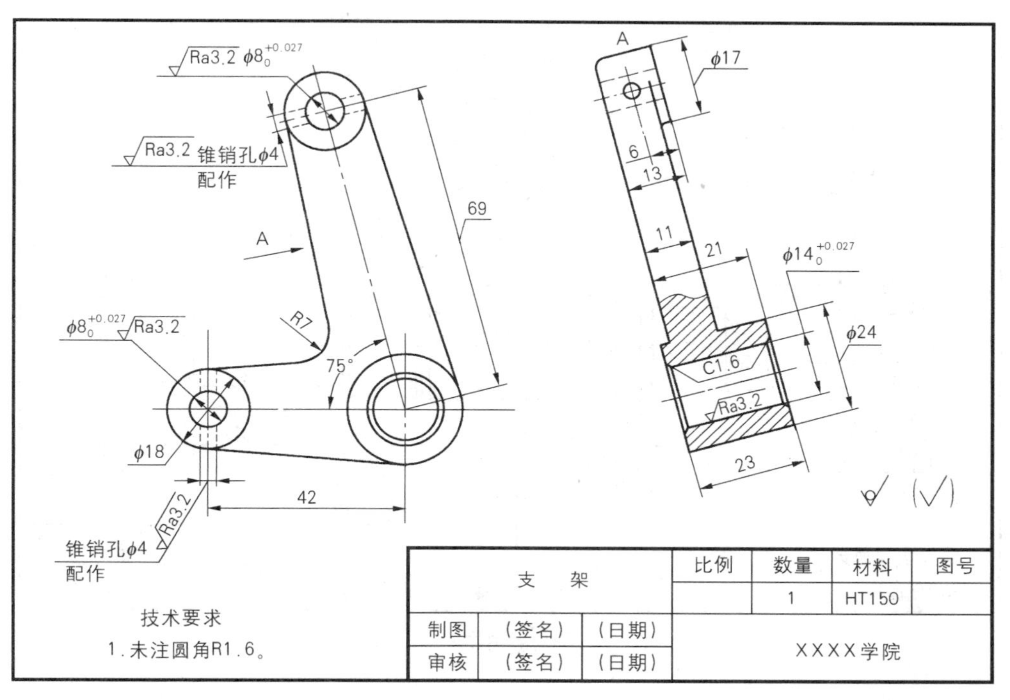

Ra3.2 $\phi8_{0}^{+0.027}$
Ra3.2 锥销孔$\phi4$
配作
A
69
R7
75°
$\phi8_{0}^{+0.027}$ Ra3.2
$\phi18$
42
Ra3.2
锥销孔$\phi4$
配作
A
$\phi17$
6
13
11
21
$\phi14_{0}^{+0.027}$
$\phi24$
C1.6
Ra3.2
23
技术要求
1.未注圆角R1.6。
支 架
比例
数量
材料
图号
1
HT150
制图
(签名)
(日期)
审核
(签名)
(日期)
XXXX学院

习题 6-5

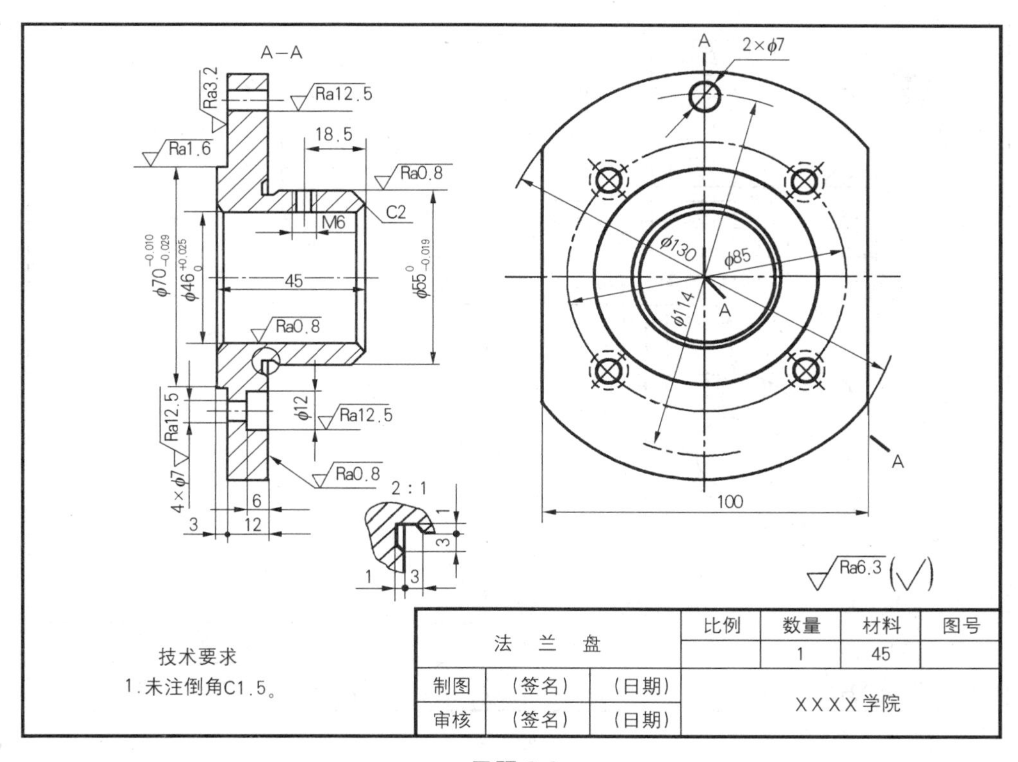

A—A
Ra3.2
Ra12.5
Ra1.6
18.5
Ra0.8
C2
M6
$\phi70_{-0.029}^{-0.010}$
$\phi46_{0}^{+0.025}$
45
$\phi55_{-0.019}^{0}$
Ra0.8
$\phi12$
Ra12.5
Ra12.5
$4\times\phi7$
Ra0.8
6
3
12
2:1
1
3
1
3
A
$2\times\phi7$
$\phi130$
$\phi85$
$\phi114$
A
A
100
Ra6.3
技术要求
1.未注倒角C1.5。
法 兰 盘
比例
数量
材料
图号
1
45
制图
(签名)
(日期)
审核
(签名)
(日期)
XXXX学院

习题 6-6

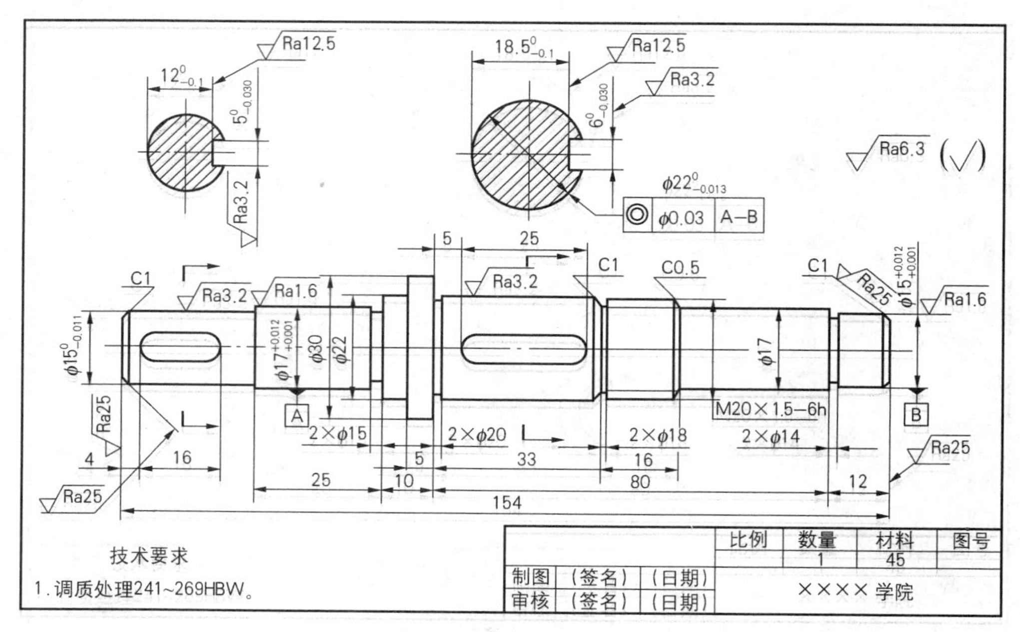
技术要求
1. 调质处理241~269HBW。
比例
数量
材料
图号
1
45
制图
(签名)
(日期)
审核
(签名)
(日期)
××××学院

习题 6-7

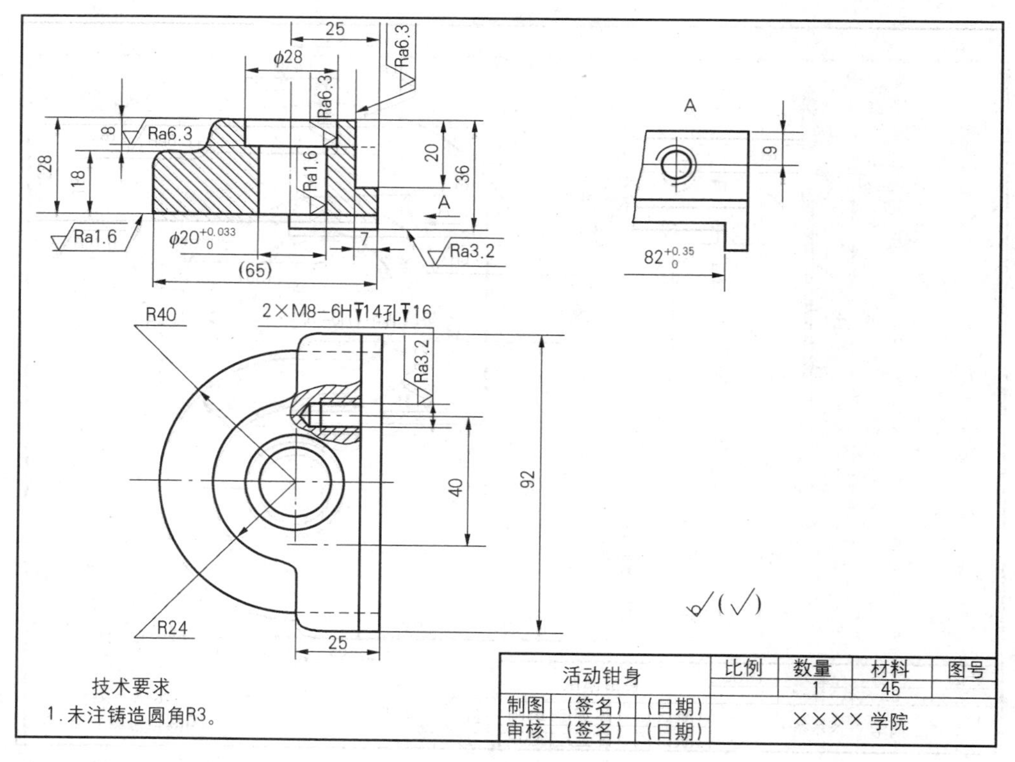
技术要求
1. 未注铸造圆角R3。
活动钳身
比例
数量
材料
图号
1
45
制图
(签名)
(日期)
审核
(签名)
(日期)
××××学院

习题 6-8

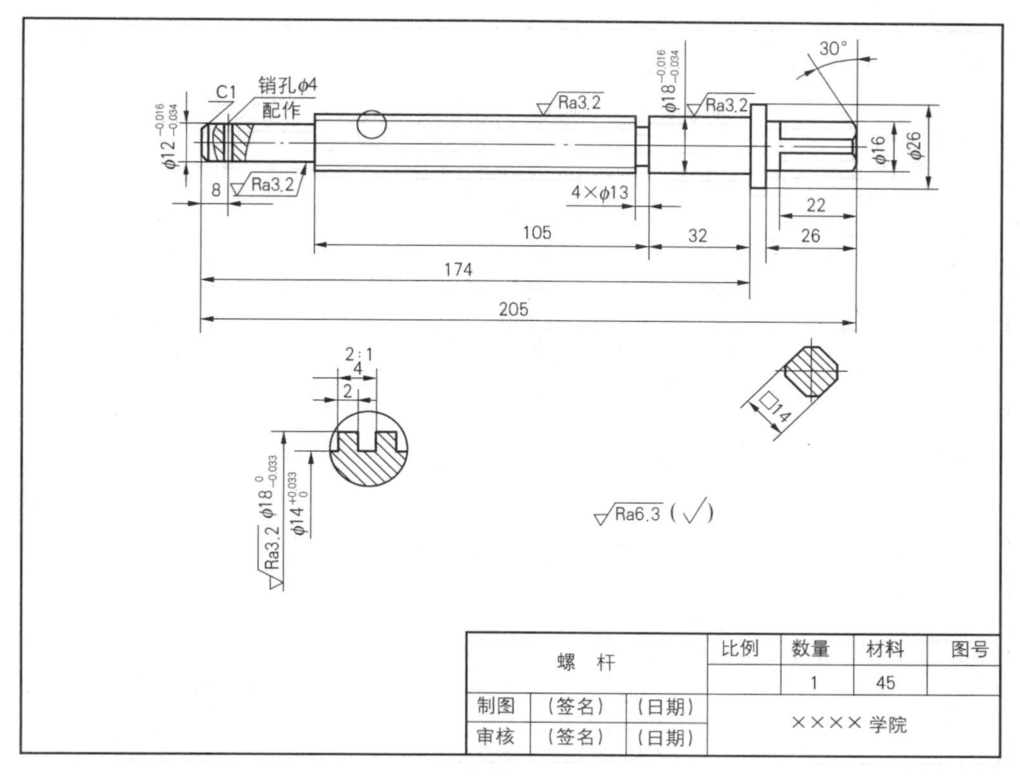
C1
销孔ϕ4
配作
Ra3.2
Ra3.2
Ra3.2
30°
ϕ16
ϕ26
4×ϕ13
8
22
105
32
26
174
205
2:1
4
2
□14
Ra6.3 (√)
螺　杆
比例
数量
材料
图号
1
45
制图
(签名)
(日期)
审核
(签名)
(日期)
××××学院

习题 6-9

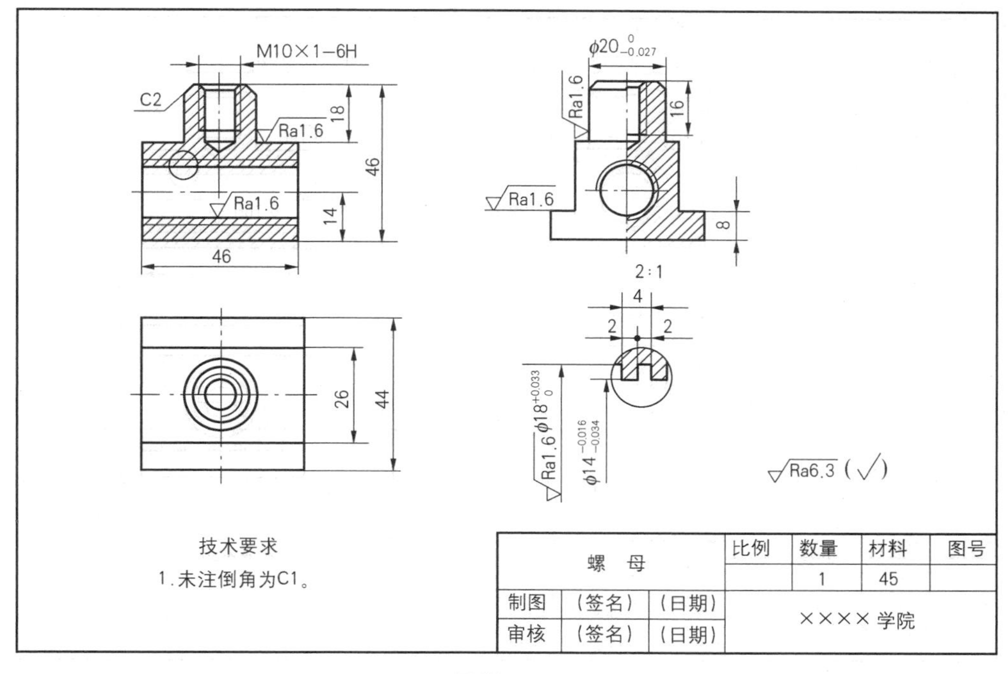
M10×1-6H
C2
18
Ra1.6
46
Ra1.6
14
46
26
44
Ra1.6
16
Ra1.6
8
2:1
4
2
2
Ra6.3 (√)
技术要求
1.未注倒角为C1。
螺　母
比例
数量
材料
图号
1
45
制图
(签名)
(日期)
审核
(签名)
(日期)
××××学院

习题 6-10

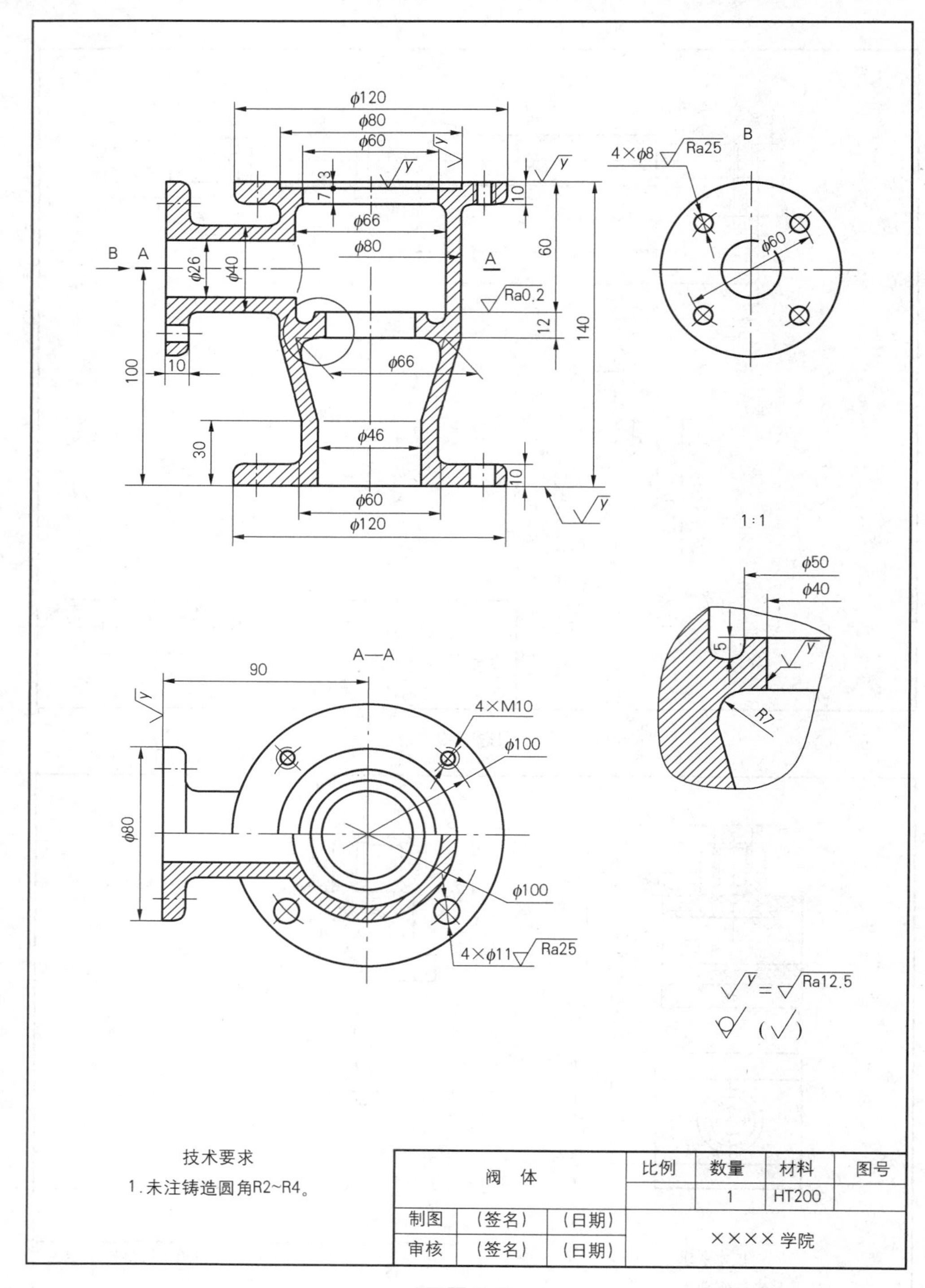

习题 6-11

第七单元

装配图绘制

任务 7.1 直接绘制装配图

7.1.1 任务要求

直接画法是按照手工画装配图的作图顺序，依次绘制各组成零件在装配图中的投影。本任务要求根据螺旋千斤顶零件的实际尺寸及结构，利用直接作图法绘制千斤顶的装配图。

7.1.2 任务实施

（1）了解千斤顶的用途、工作原理。千斤顶是用来支撑和启动重物的机构。工作时将绞杠插入螺杆的孔中，螺杆具有矩形螺纹，螺套以过渡配合压装于底座中，并用两个圆柱端紧定螺钉止转、固定，旋转螺杆以使重物升降。

（2）分析装配关系。由如图 7-1 所示立体图或图 7-2 所示装配示意图，最终绘出的装配图如图 7-3 所示。

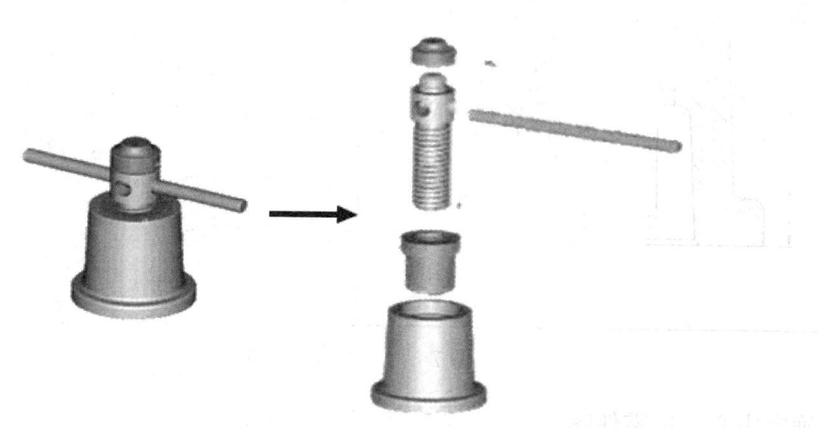

图 7-1 千斤顶立体图

（3）绘制装配图的过程。

① 打开 AutoCAD，并进行适当设置。

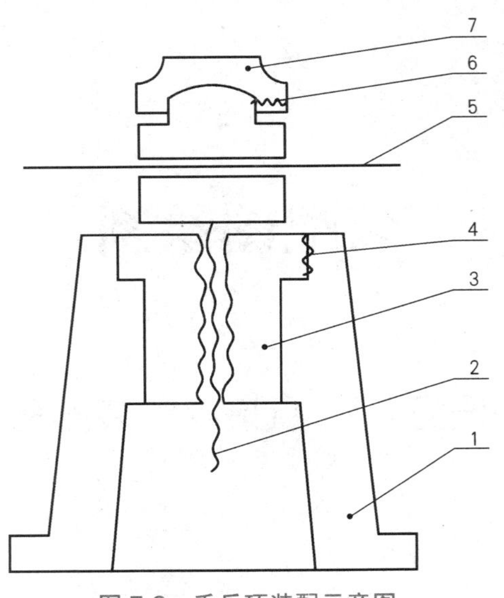

图 7-2　千斤顶装配示意图

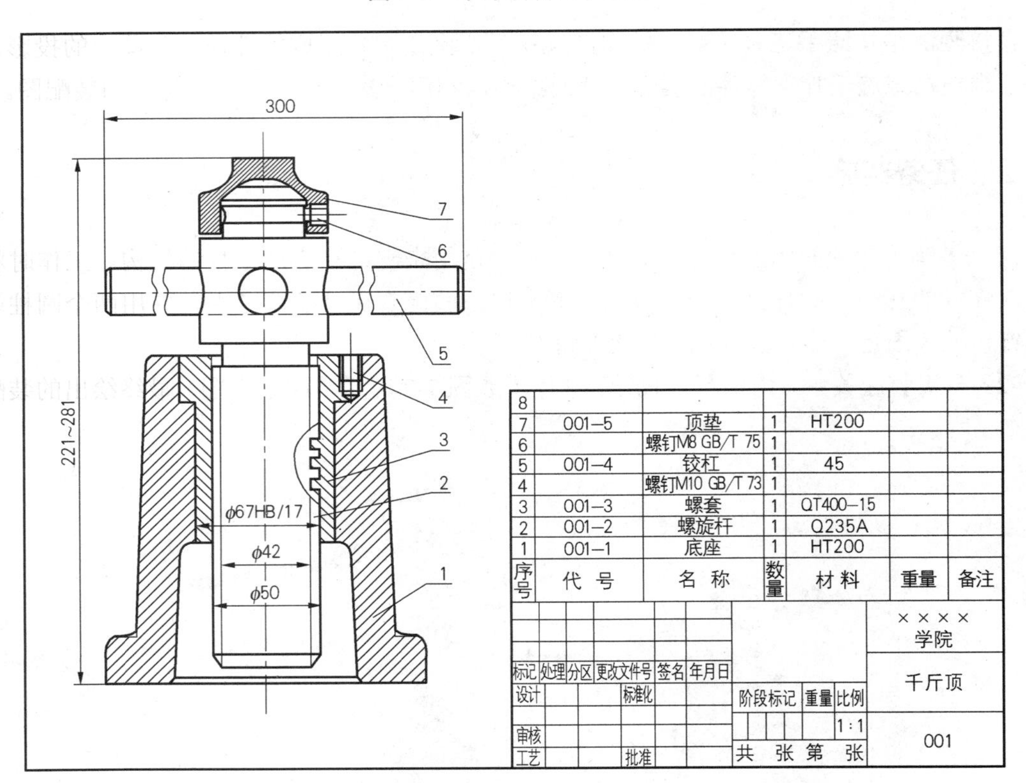

图 7-3　千斤顶装配图

② 确定中心，按零件图的绘制方法绘制螺杆，如图 7-4 所示。

③ 绘制螺套如图 7-5 所示。

④ 绘制底座如图 7-6 所示。

⑤ 绘制螺套与底座之间的骑缝螺钉如图 7-7 所示。

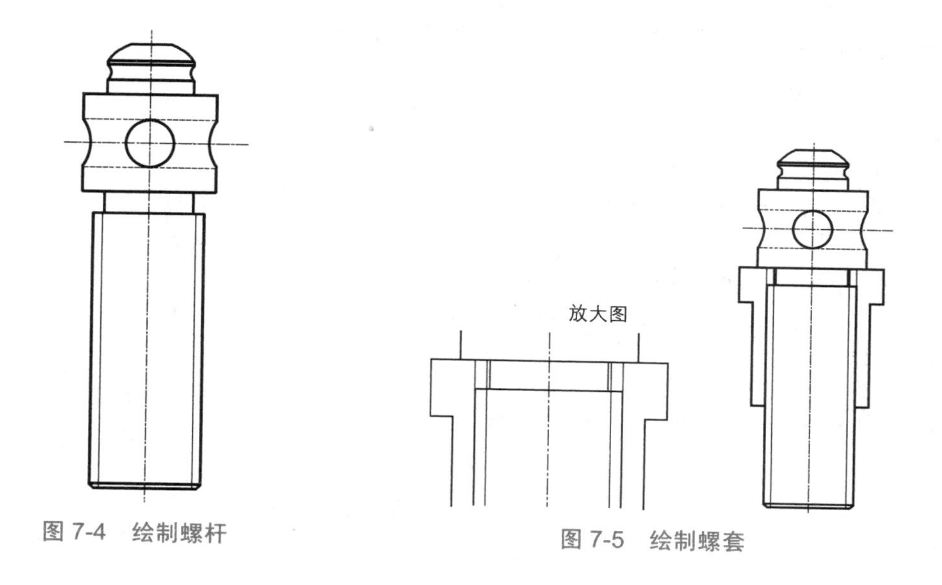

图 7-4 绘制螺杆

图 7-5 绘制螺套

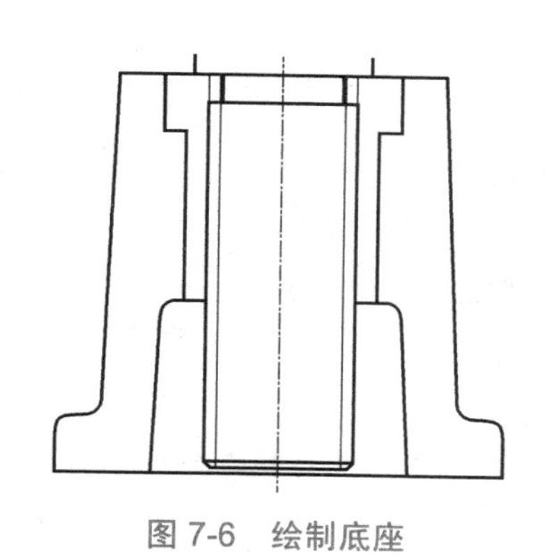

图 7-6 绘制底座

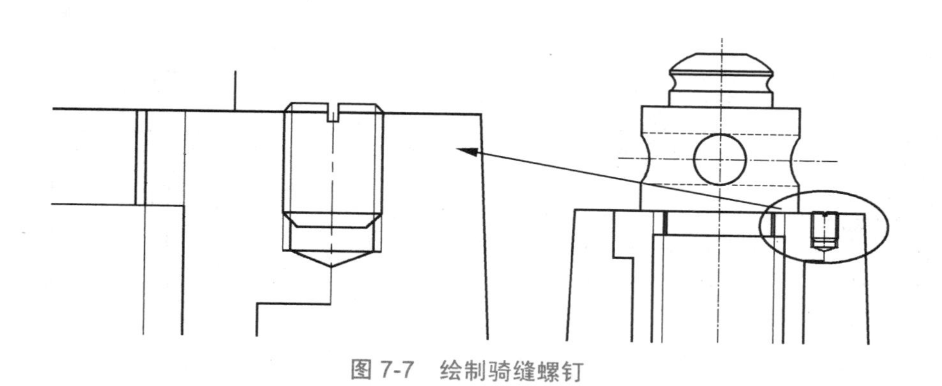

图 7-7 绘制骑缝螺钉

⑥ 绘制顶垫如图 7-8 所示。

⑦ 绘制顶垫固定螺钉如图 7-9 所示。

⑧ 绘制绞杆如图 7-10 所示。

⑨ 给装配图上各零件剖面填充剖面线，如图 7-11 所示。

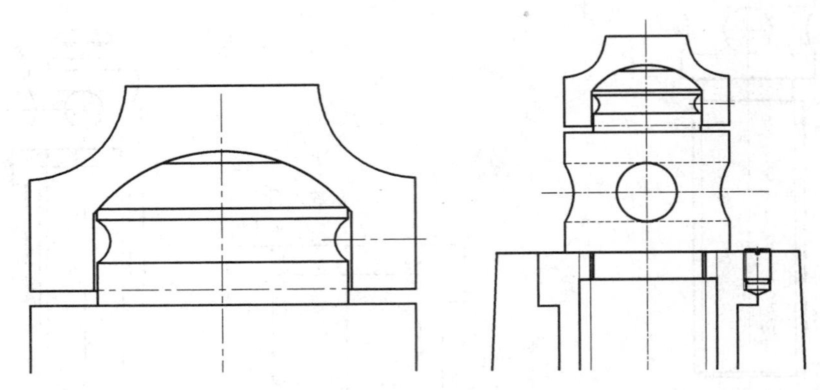

图 7-8 绘制顶垫

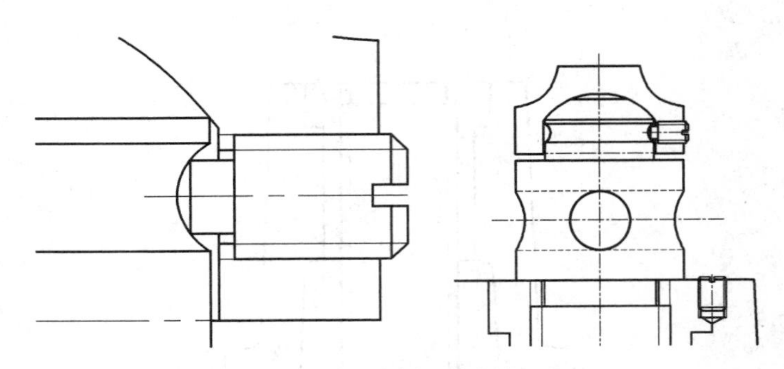

图 7-9 绘制顶垫螺钉

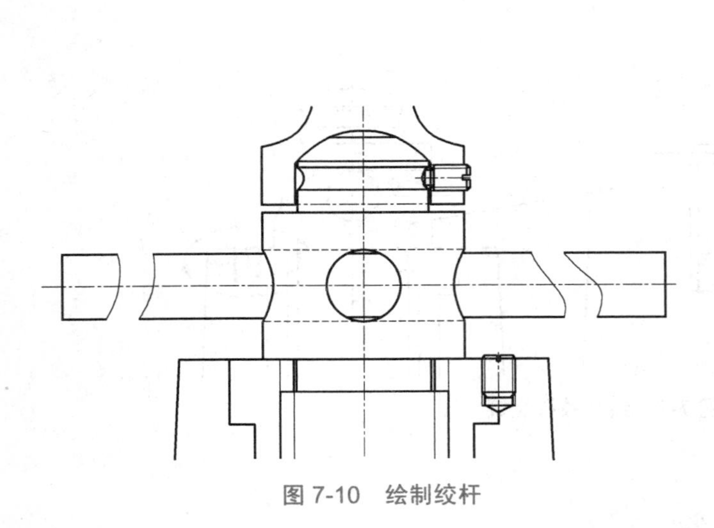

图 7-10 绘制绞杆

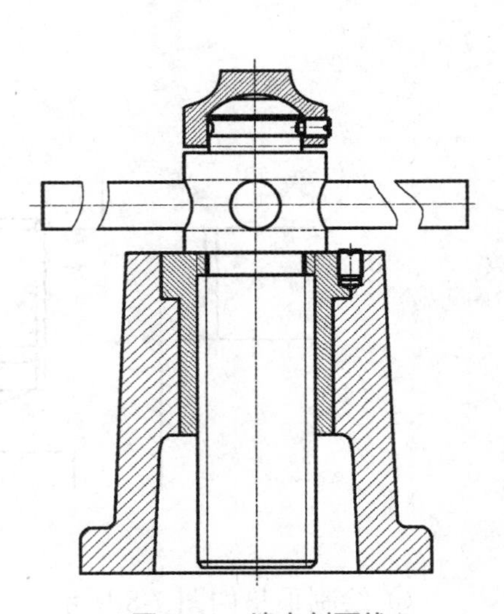

图 7-11 填充剖面线

⑩ 创建引线样式以编排序号，并标注必要的尺寸。

⑪ 按任务 3.3 的方法制作并插入明细表。

⑫ 新建国标视口（A3 或 A4），激活视口并设置比例，插入明细表，填写标题栏（该步骤可在打印时做），完成后的装配图如图 7-3 所示。

7.1.3 知识链接

绘制以上所述装配图所需零件尺寸可参考图 7-12～图 7-16。

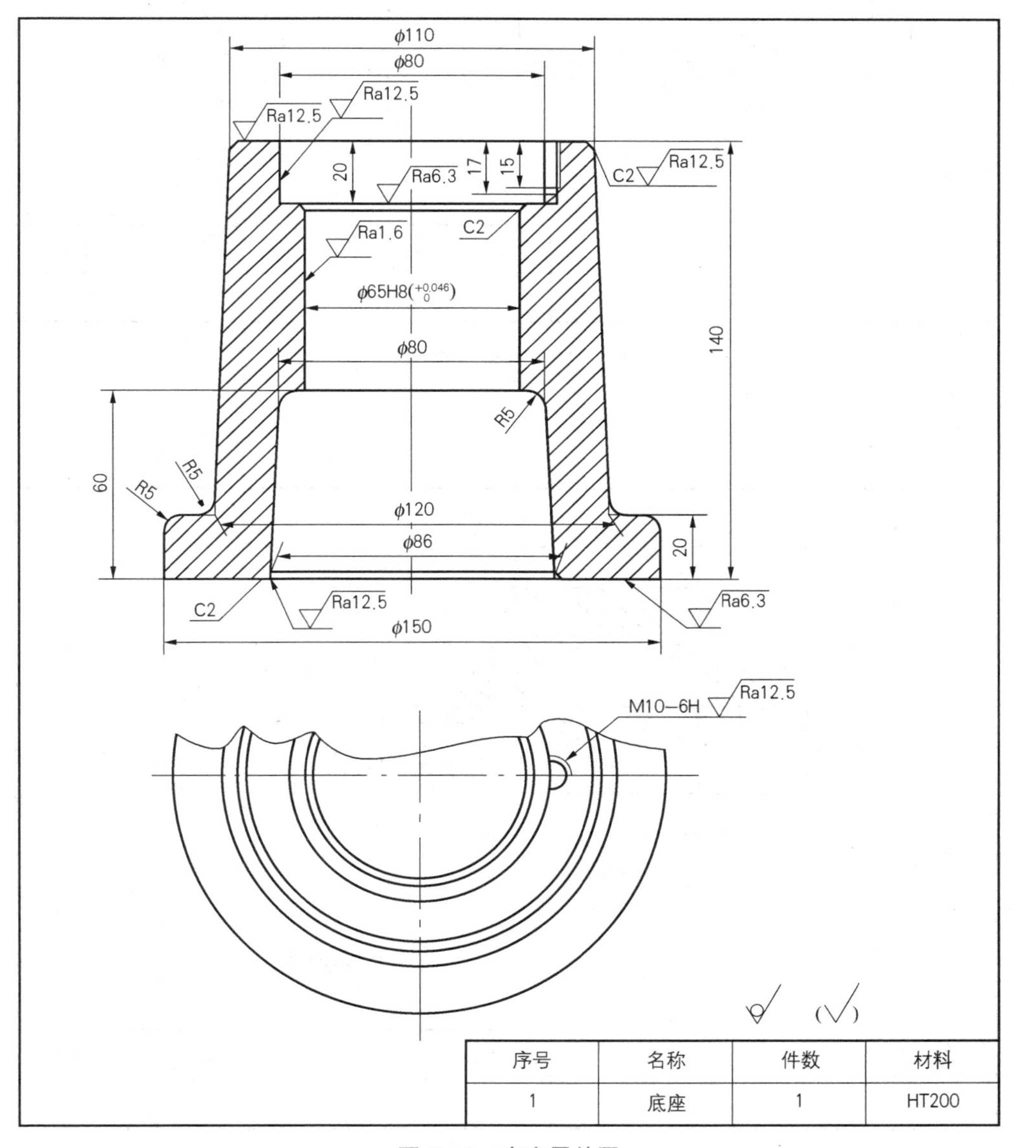

序号	名称	件数	材料
1	底座	1	HT200

图 7-12　底座零件图

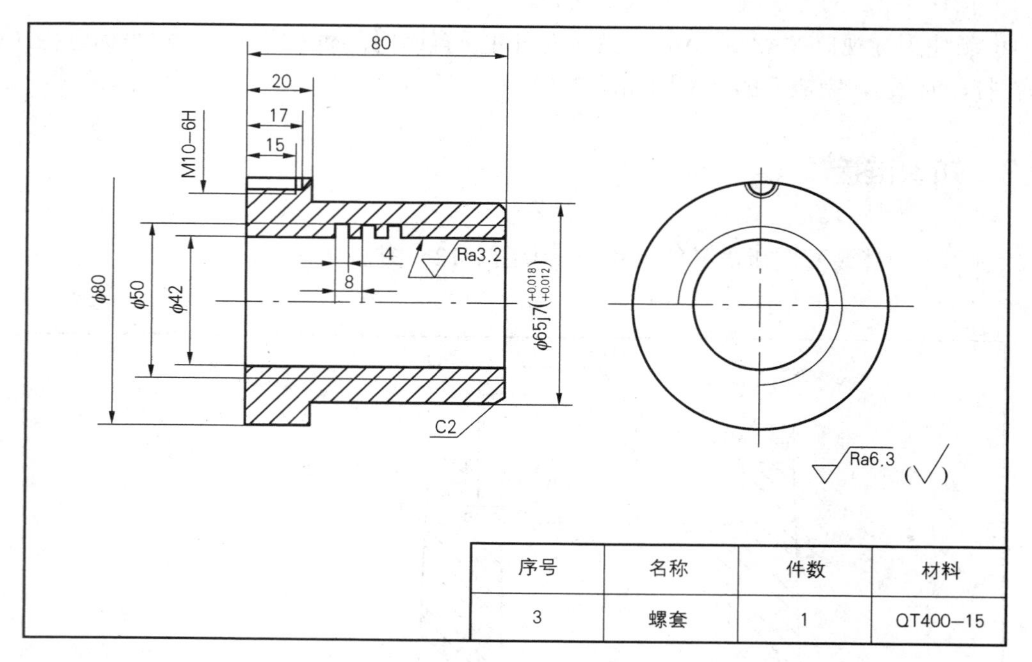

序号	名称	件数	材料
3	螺套	1	QT400−15

图 7-13　螺套零件图

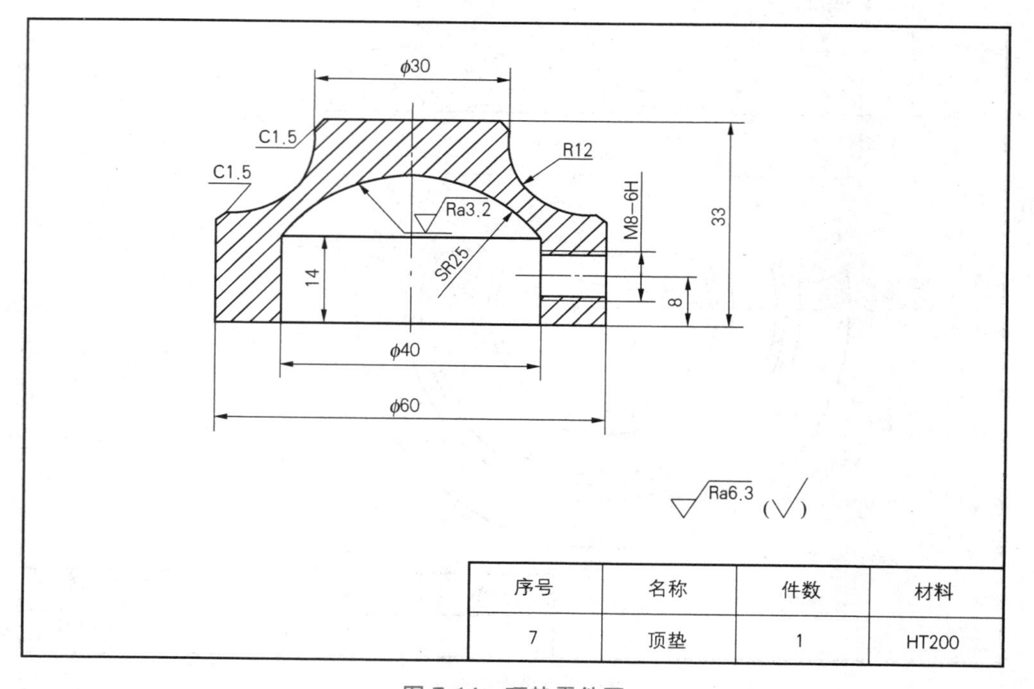

序号	名称	件数	材料
7	顶垫	1	HT200

图 7-14　顶垫零件图

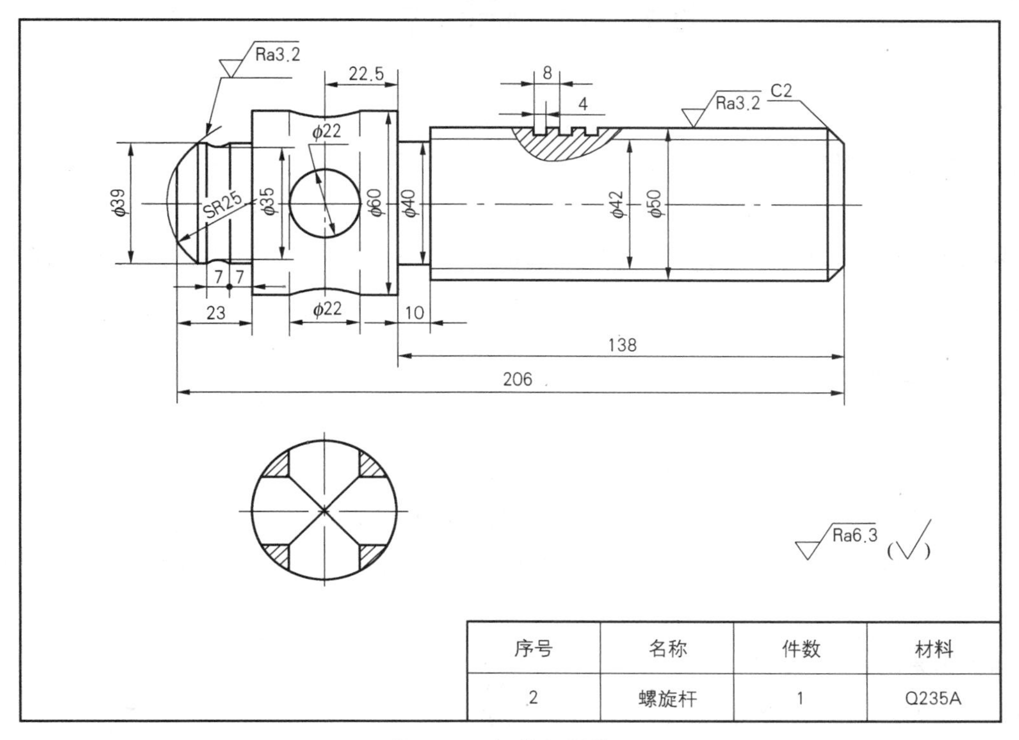

序号	名称	件数	材料
2	螺旋杆	1	Q235A

图 7-15　螺旋杆零件图

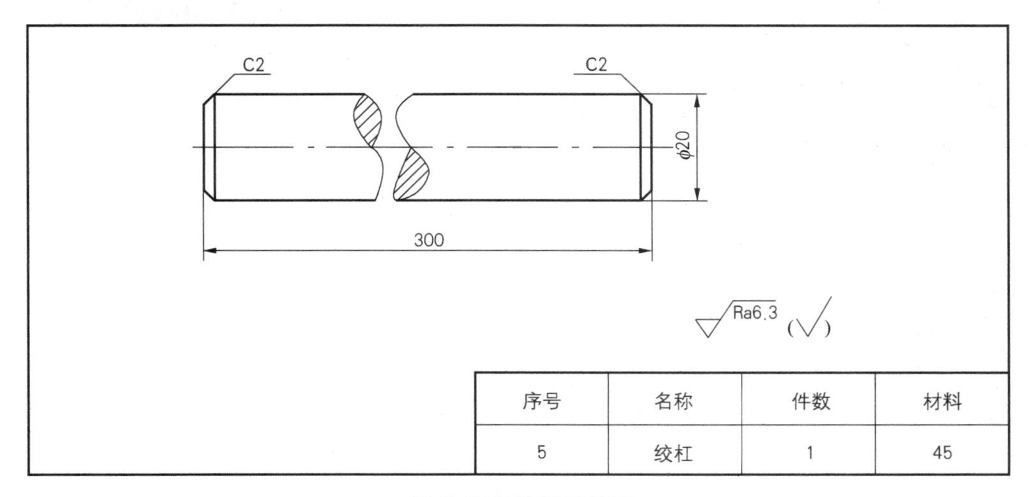

序号	名称	件数	材料
5	绞杠	1	45

图 7-16　绞杠零件图

任务 7.2　拼画装配图

7.2.1　任务要求

拼装画法是根据预先画出的零件图，选择需要的零件图形，用拼装的方法将零件图形拼成装配图。

7.2.2　任务实施

通常用已绘制好的零件图拼画装配图的步骤如下。

（1）先熟悉机器或部件的工作原理，确定装配图的表达方案。

（2）用“样板”新建一文件，如图 7-17 所示，并保存为“千斤顶装配图”。

图 7-17　新建文件

（3）打开底座零件图，使粗实线、点划线、细实线层为打开状态，关闭其他如标注层、文字层等，如图 7-18 所示。

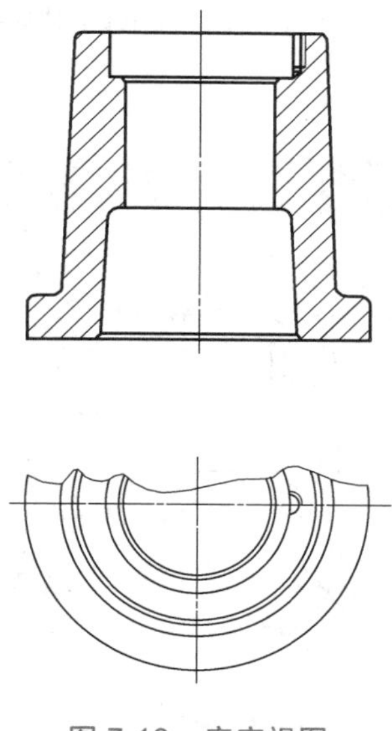

图 7-18　底座视图

（4）分别打开螺旋杆、螺套、顶垫、绞杠等的零件图，注意使不需要显示的图层处于关闭状态。

（5）选择“窗口”菜单中的“垂直平铺”，如图 7-19 所示。窗口左下角为新建的装配图文件。

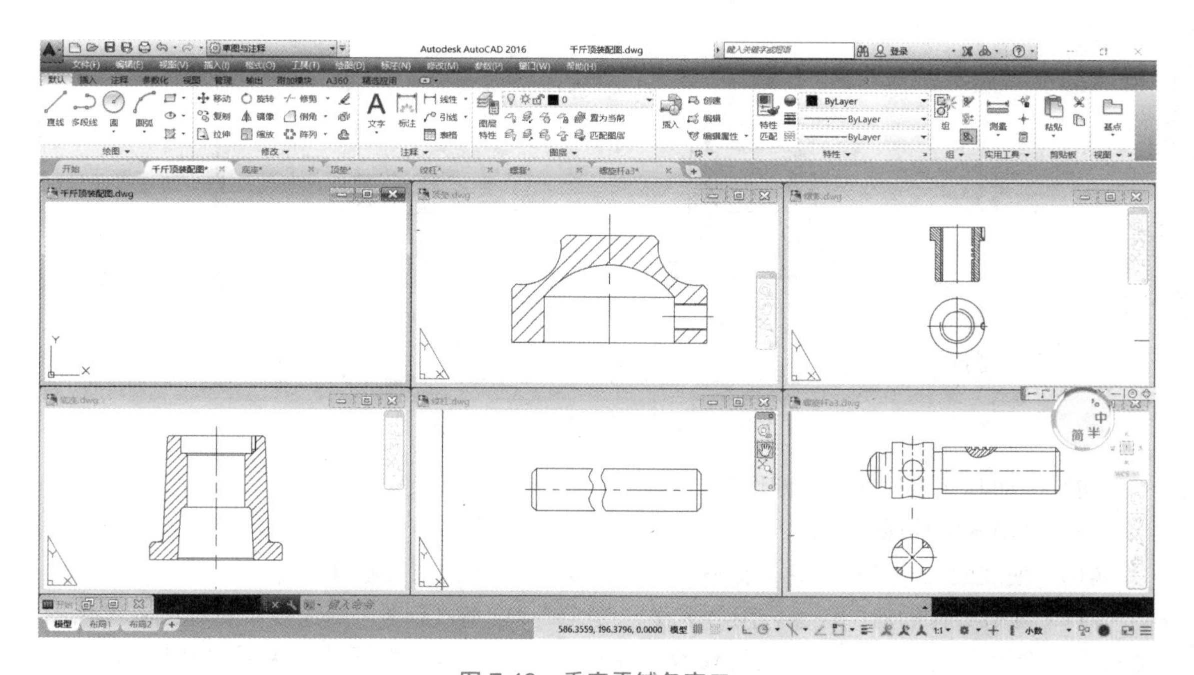

图 7-19　垂直平铺各窗口

（6）激活“底座”零件图窗口，用鼠标左键选择主视图，按下鼠标右键不放将其拖动到“千斤顶装配图”窗口中适当的位置，则完成了装配图中底座的投影，如图 7-20 所示。

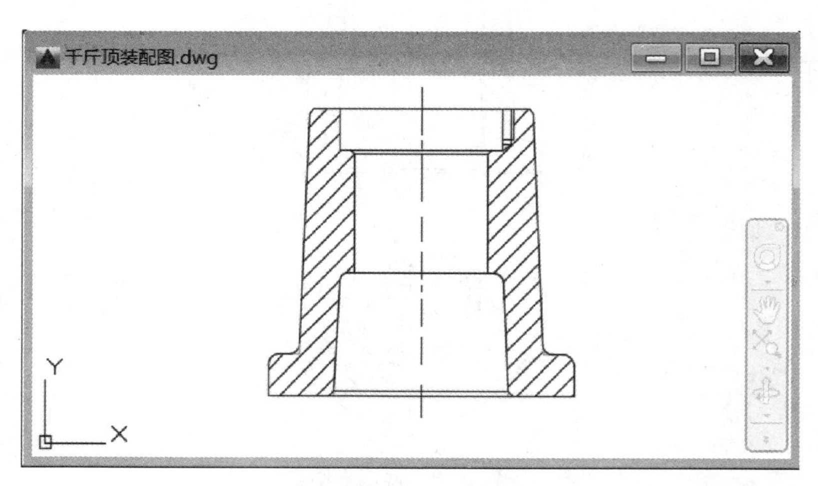

图 7-20　将底座拖入装配图中

（7）运用同样的方法拖动螺套进入装配图中，如图 7-21 所示。

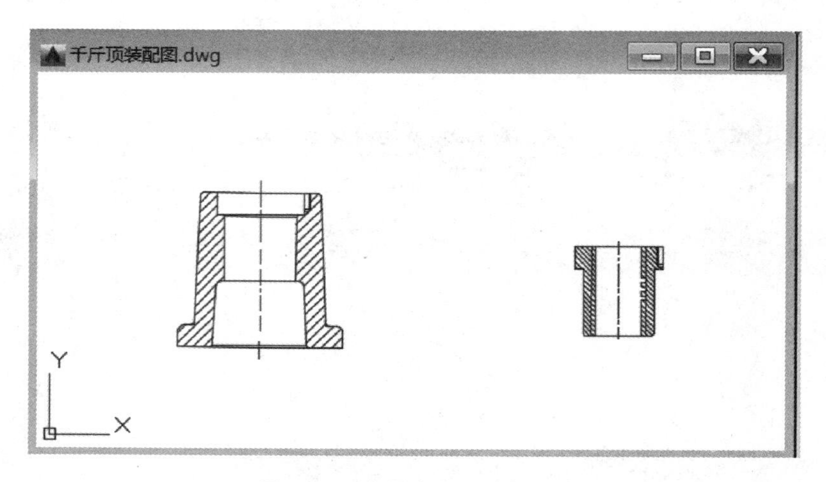

图 7-21　将螺套拖入装配图中

（8）拖动其他零件进入装配图中。

（9）关闭各零件图窗口。

（10）使装配图窗口最大化，如图 7-22 所示，然后确定拼装顺序。

（11）分析零件的遮挡关系，用“平移”“旋转”“修剪“删除”等命令编辑修改各零件图，将其移动至合适的位置，边拼装边修改。注意在移动图形时根据装配关系选择恰当的“基准点”。

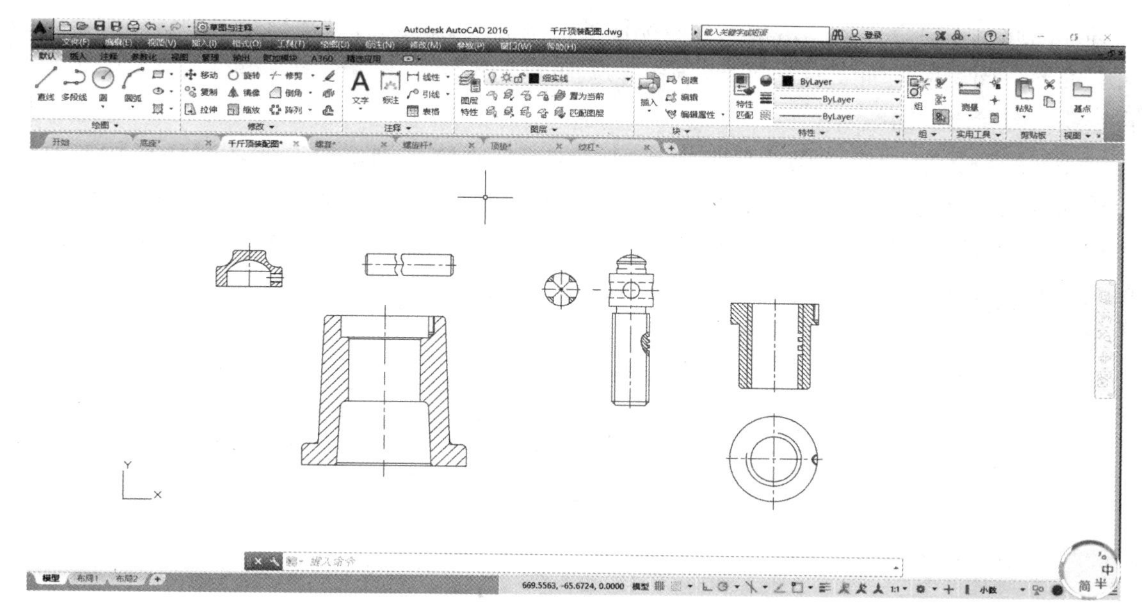

图 7-22 拼装前的装配图窗口

（12）检查错误、修改图形。

（13）标注尺寸和技术要求。

（14）标注零件序号、填写标题栏和明细表。

7.2.3 知识链接

1. 用零件图拼画装配图还有以下常用的方法

（1）零件图块插入法。将零件图上的各个图形创建为图块，然后在装配图中插入所需要的图块。

（2）零件图形文件插入法。用户可使用“INSERT”命令将零件的整个图形文件作为块直接插入当前装配图中，也可以通过“设计中心”将多个零件图形文件作为块插入当前装配图中。

（3）剪贴板交换数据法。利用 AutoCAD 的“复制”命令，将零件图中所需图形复制到剪贴板上，然后使用“粘贴”命令，将剪贴板上的图形粘贴到装配图所需位置上。

2. 零件图拼画装配图需要注意的事项

（1）尺寸标注。由于装配图中的尺寸标注要求与零件图不同，因此，如果只是为了拼绘装配图，则可以只绘制出图形，而不必标注尺寸；如果既要求绘制出装配图，又要求绘制出零件图，则可以先绘制出完整的零件图并存盘，然后再将尺寸层关闭。

（2）剖面线的绘制。在装配图中，两相邻零件的剖面线方向应相反，或方向相同而间隔不等。因此，在将零件图图块拼绘为装配图后，剖面线必须符合国际标准中的这一规定。如果有的零件图块中剖面线的方向难以确定，则可以先不绘制出剖面线，待拼绘完装配图后，再按要求补绘出剖面线。

（3）螺纹的绘制。如果零件图中有内螺纹或外螺纹，则拼绘装配图时还要加入对螺纹连接部分的处理。由于国标对螺纹连接的规定画法与单个螺纹画法不同，表示螺纹大、小径的粗、细线均将发生变化，剖面线也需重绘。因此，为了绘图简便，零件图中的内螺纹及相关剖面线可暂不绘制，待拼绘成装配图后，再按螺纹连接的规定画法将其补画出来即可。

任务 7.3 画装配图练习一

用直接画法绘制如图 7-23 所示的凸缘联轴器装配图。

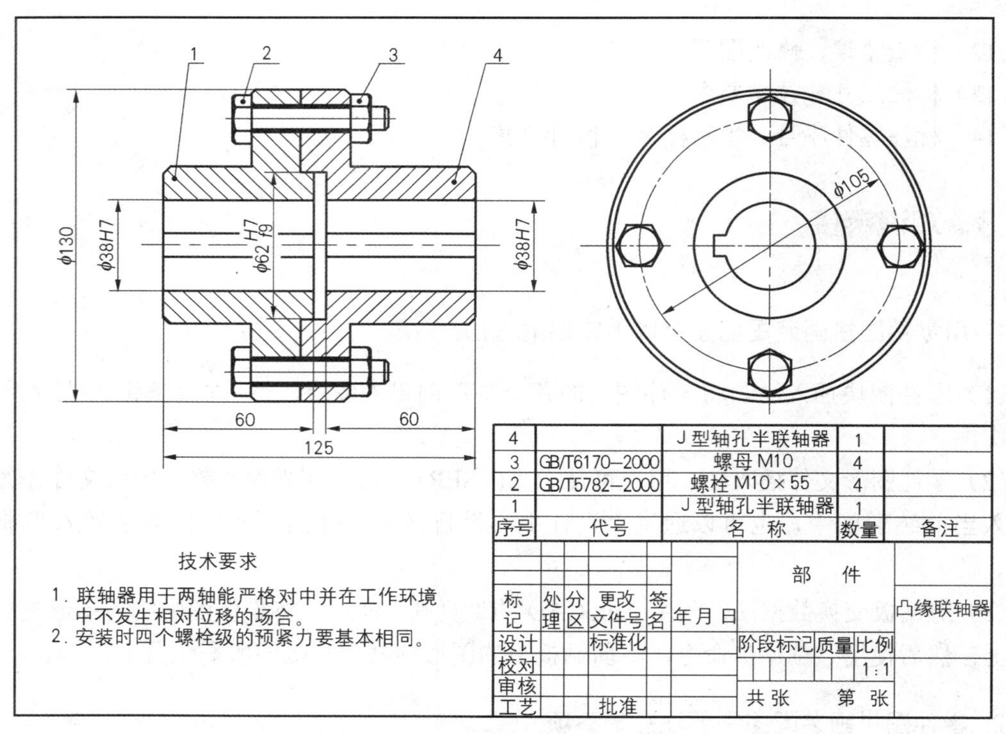

图 7-23 凸缘联轴器装配图

任务 7.4 绘制滑轮装置装配图

根据图 7-24 至图 7-28 所给零件图及装配立体图拼画装配图。

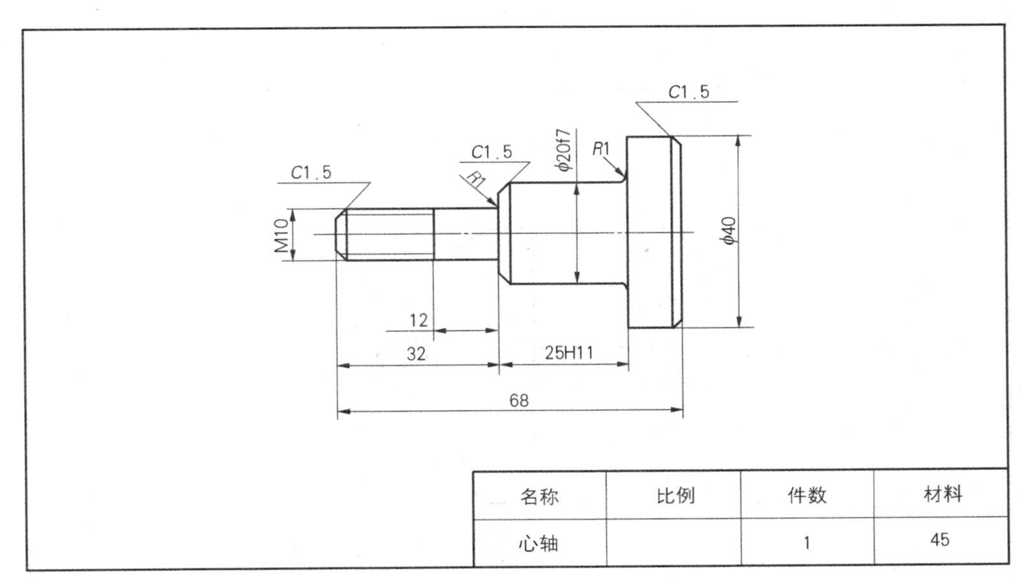

图 7-24 心轴零件图

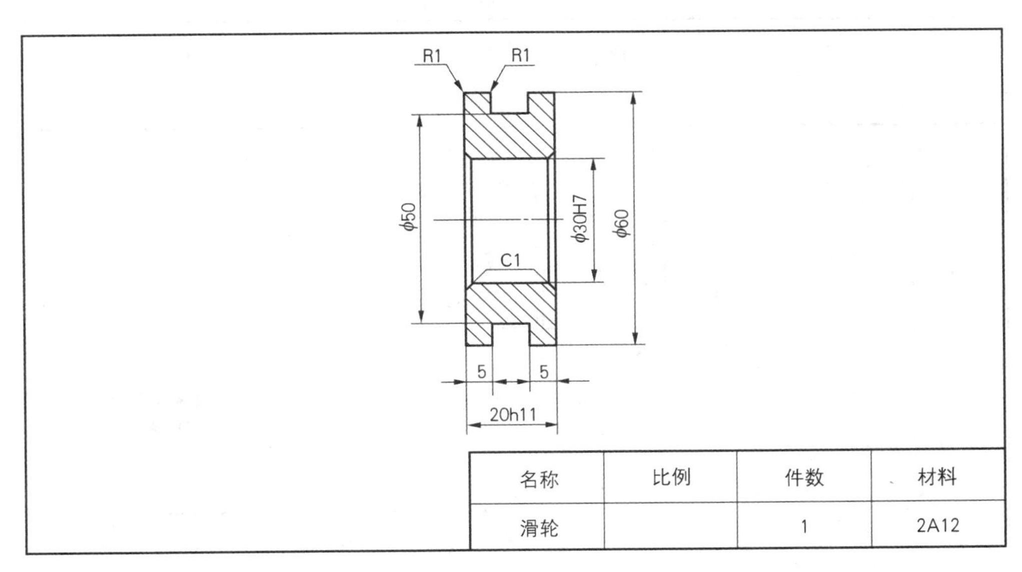

图 7-25 滑轮零件图

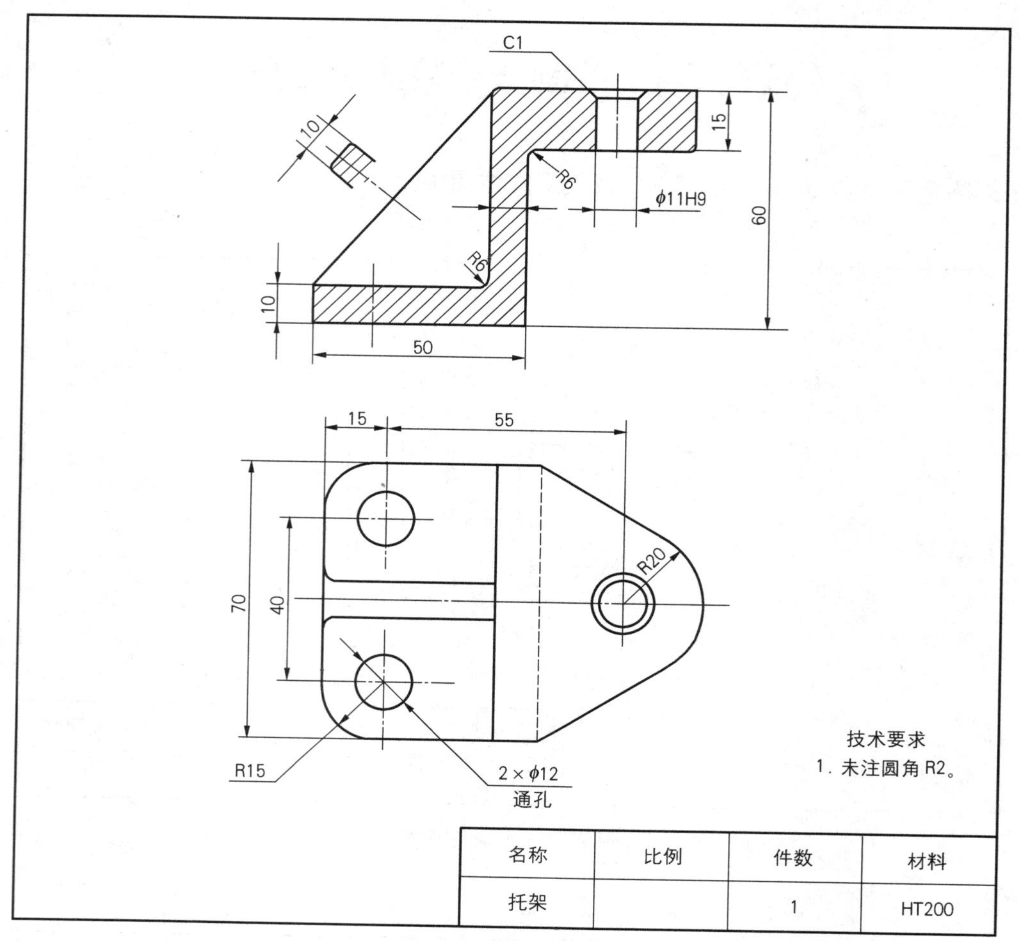

名称	比例	件数	材料
托架		1	HT200

图 7-26　托架零件图

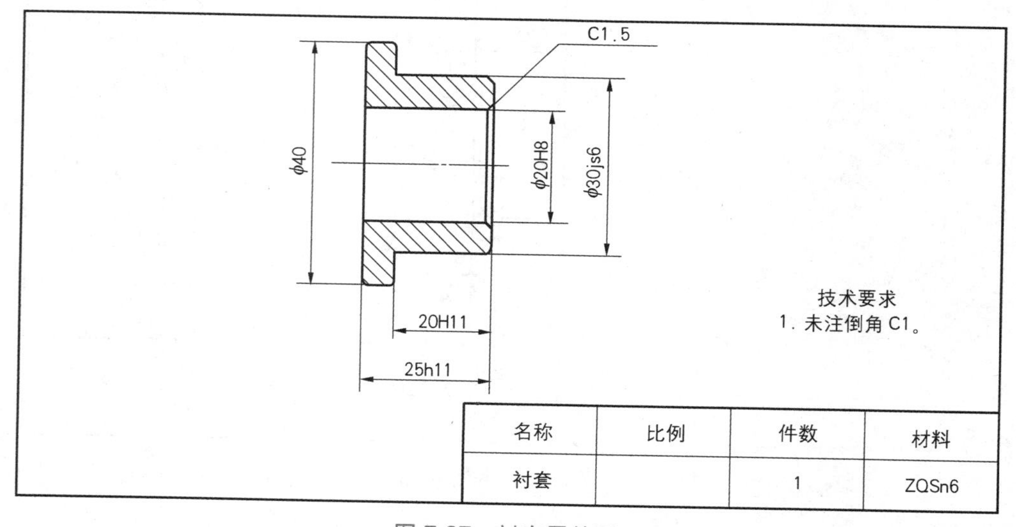

名称	比例	件数	材料
衬套		1	ZQSn6

图 7-27　衬套零件图

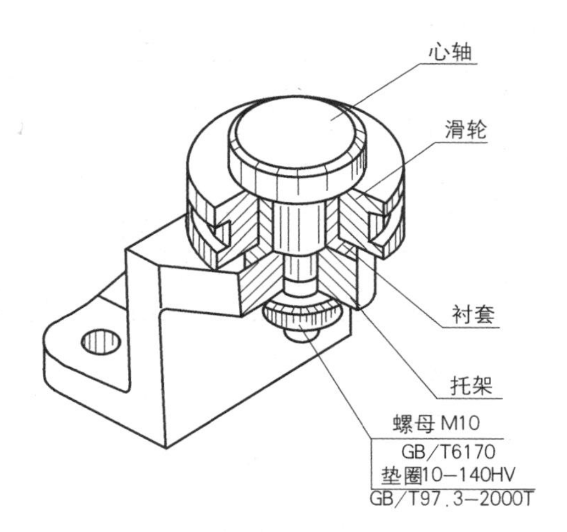

图 7-28　滑轮装置立体图

任务 7.5　绘制钻模装配图

根据图 7-29 至图 7-36 所给装配示意图及零件图拼画钻模装配图。

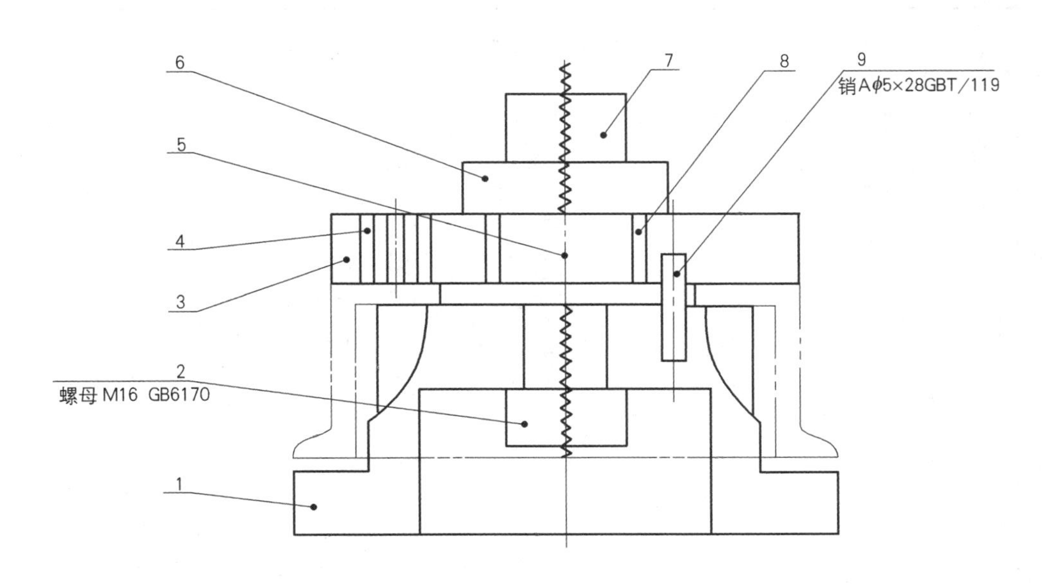

图 7-29　钻模装配示意图

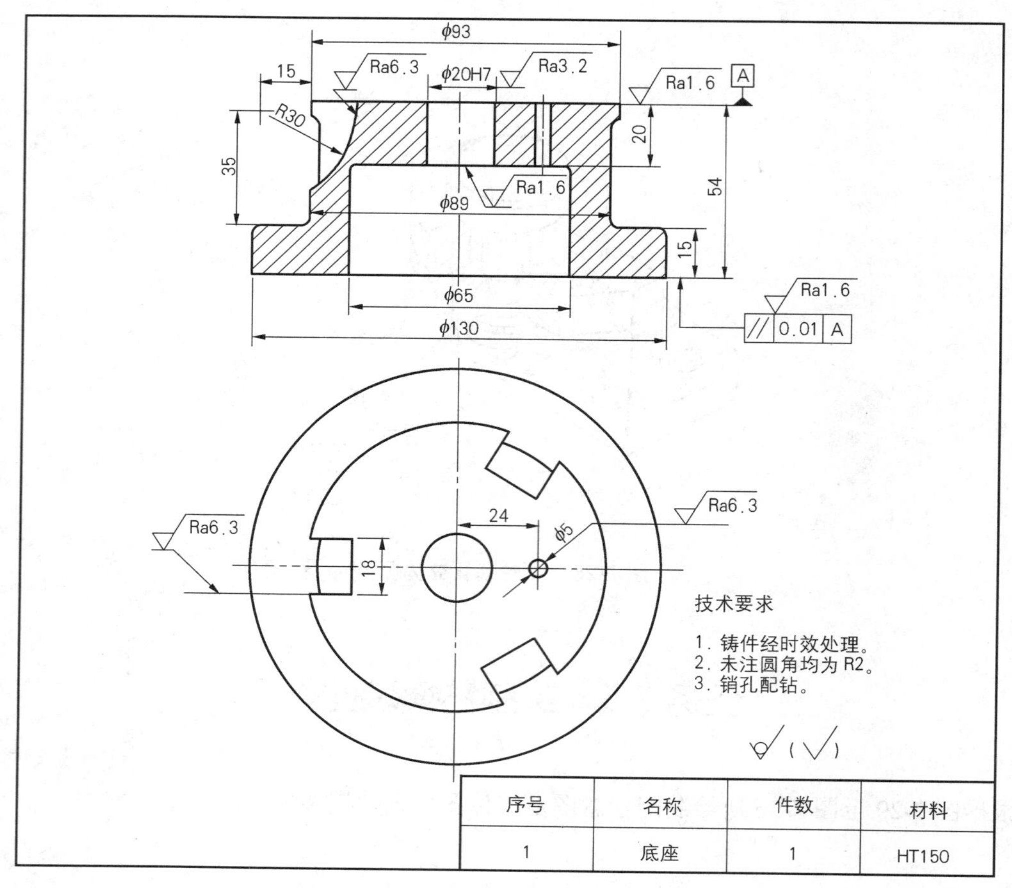

序号	名称	件数	材料
1	底座	1	HT150

图 7-30　底座零件图

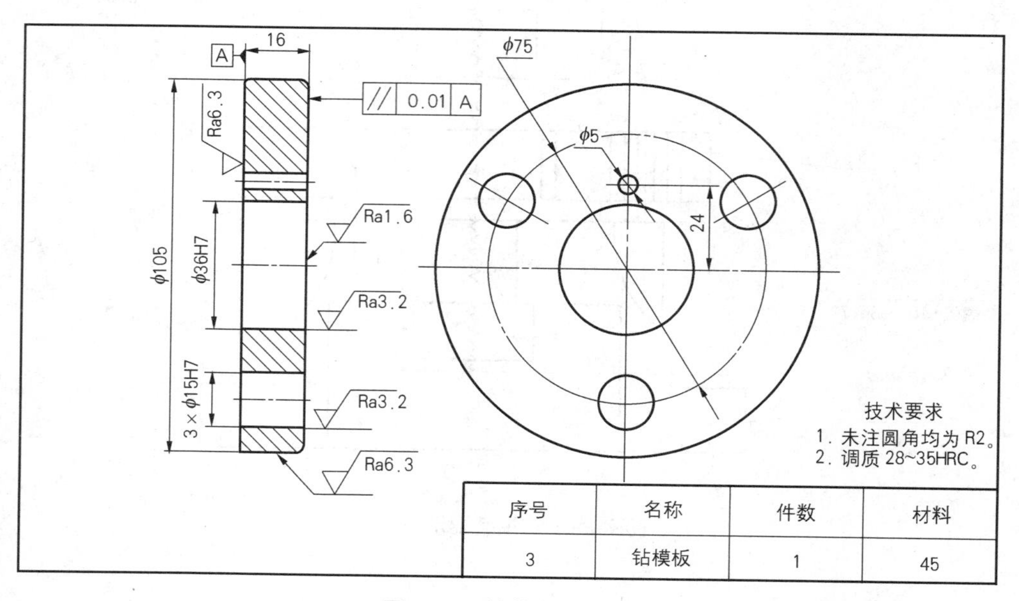

序号	名称	件数	材料
3	钻模板	1	45

图 7-31　钻模板零件图

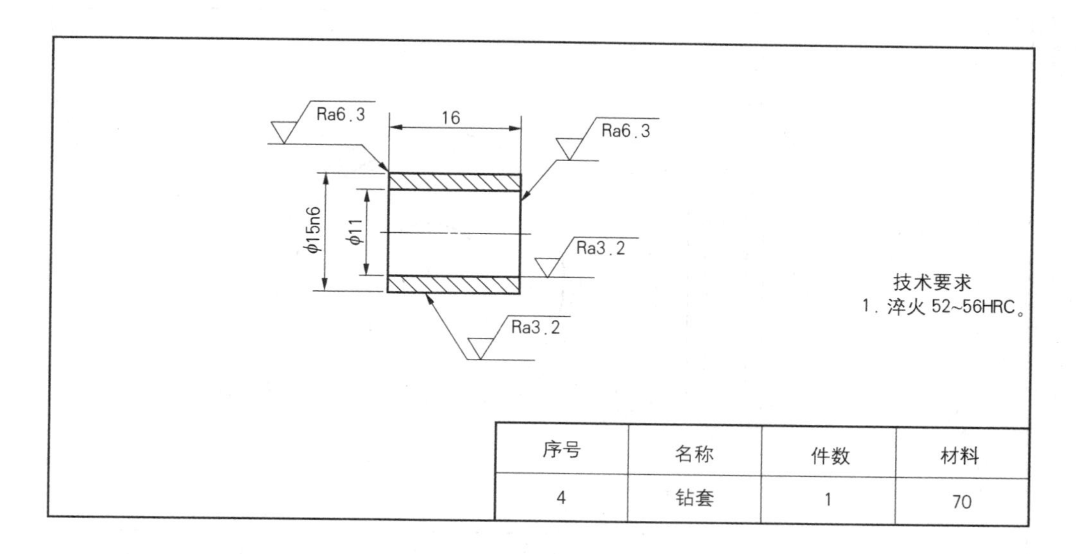

图 7-32　钻套零件图

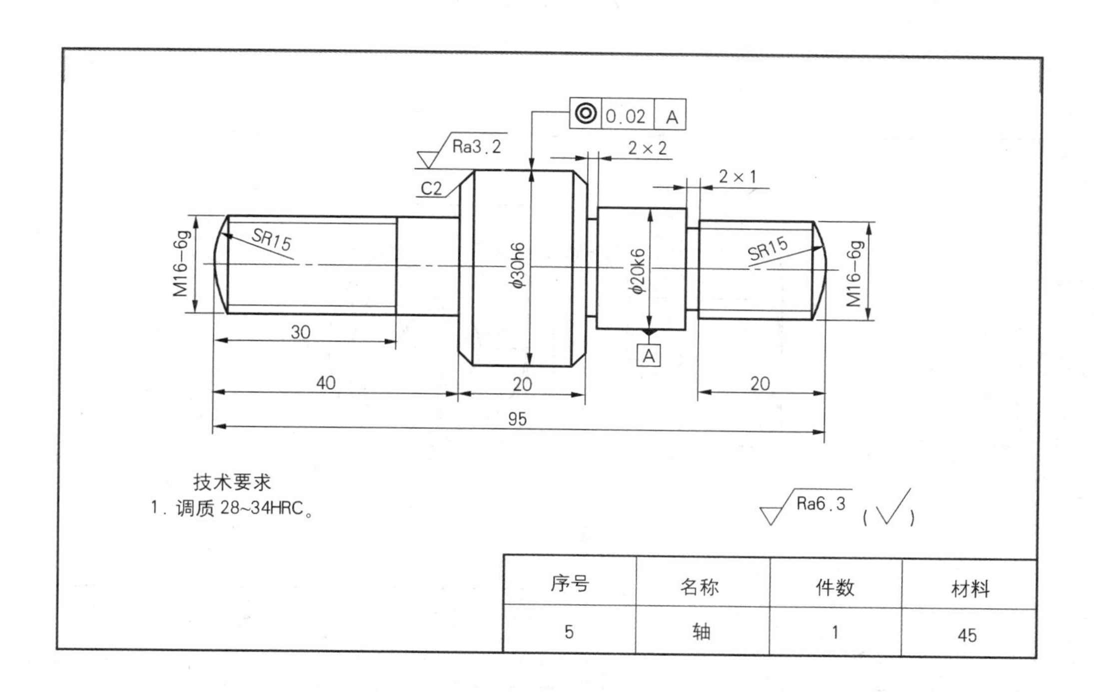

图 7-33　轴零件图

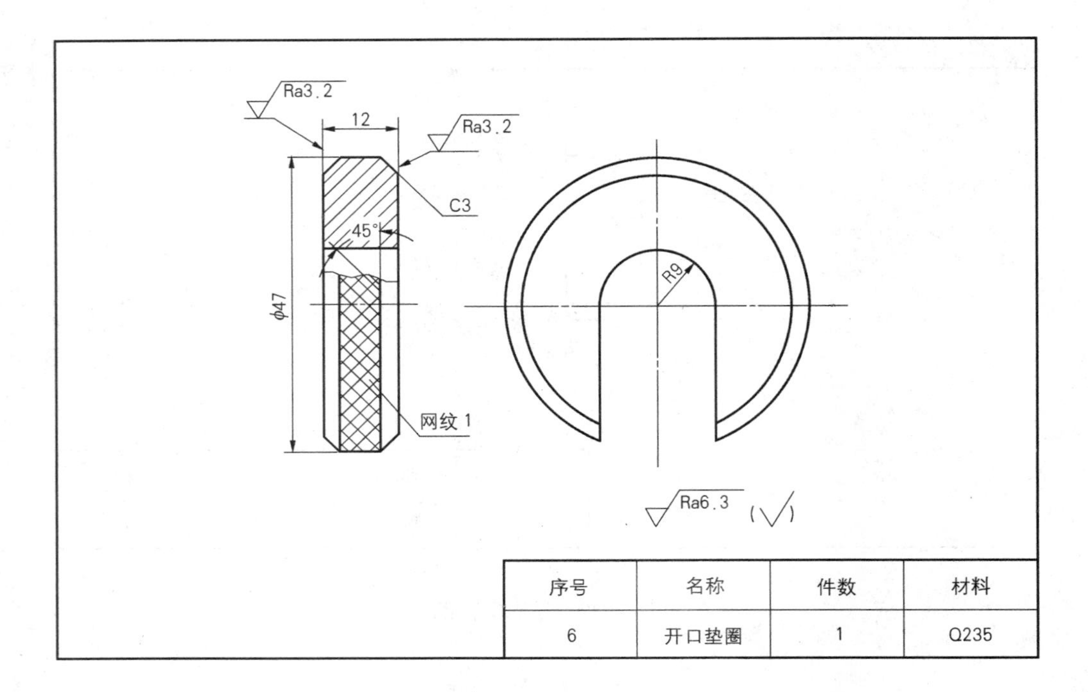

序号	名称	件数	材料
6	开口垫圈	1	Q235

图 7-34　开口垫圈零件图

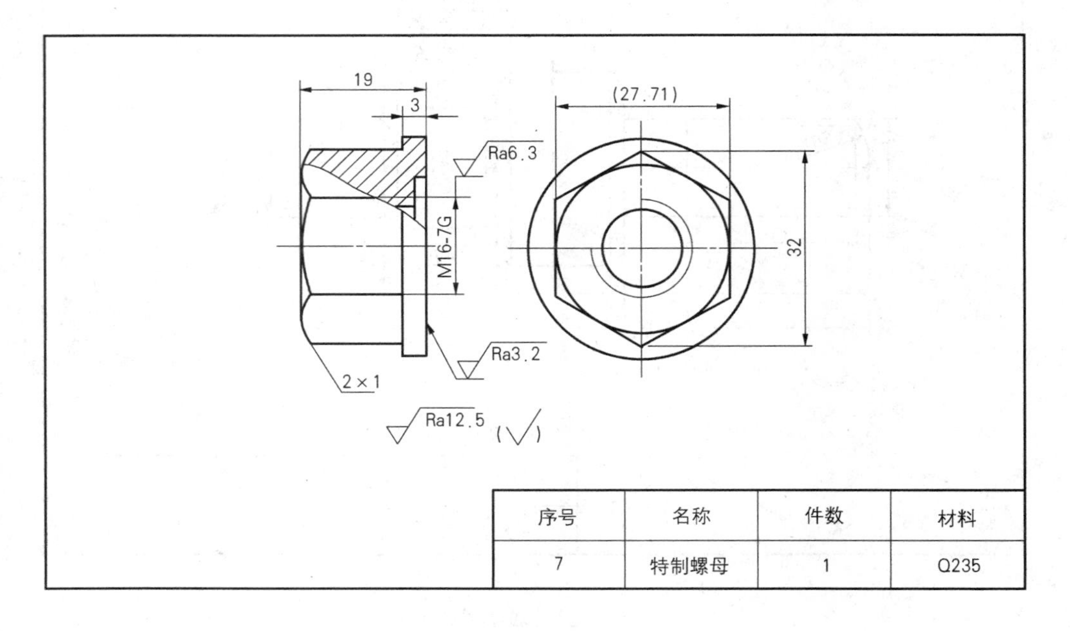

序号	名称	件数	材料
7	特制螺母	1	Q235

图 7-35　特制螺母零件图

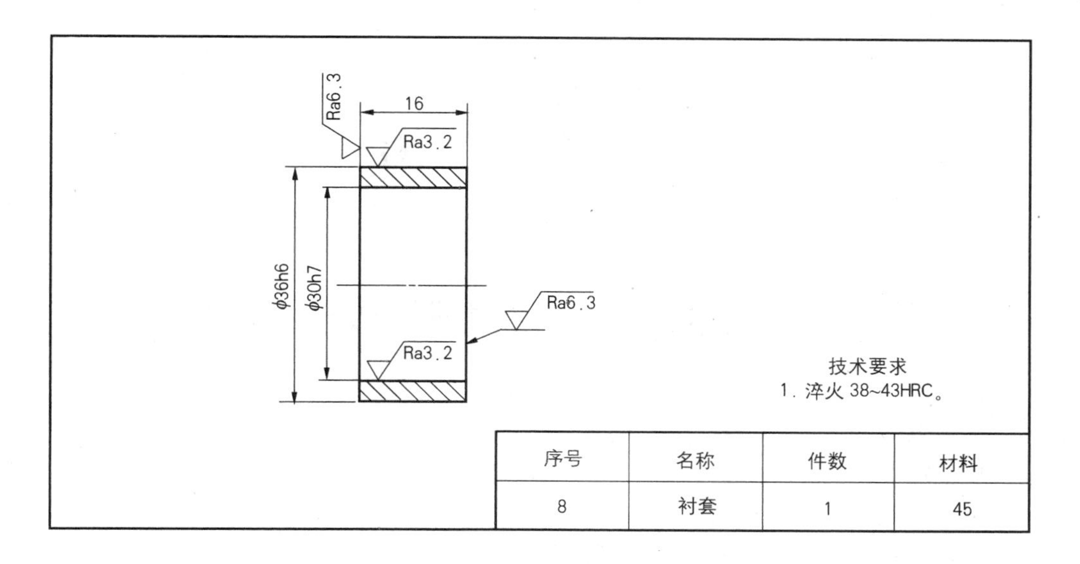

序号	名称	件数	材料
8	衬套	1	45

图 7-36　衬套零件图

图形输出

任务 8.1 创建图形布局

8.1.1 任务要求

利用 AutoCAD 系统自带的布局向导功能以创建图形布局，并打印出图。根据图纸需要，利用视口工具条，向图形中增加所需视图，如放大图、局部图。

8.1.2 任务实施

本例介绍输出如图 8-1 所示某一轴类的方法，主要涉及“创建布局向导”的操作。

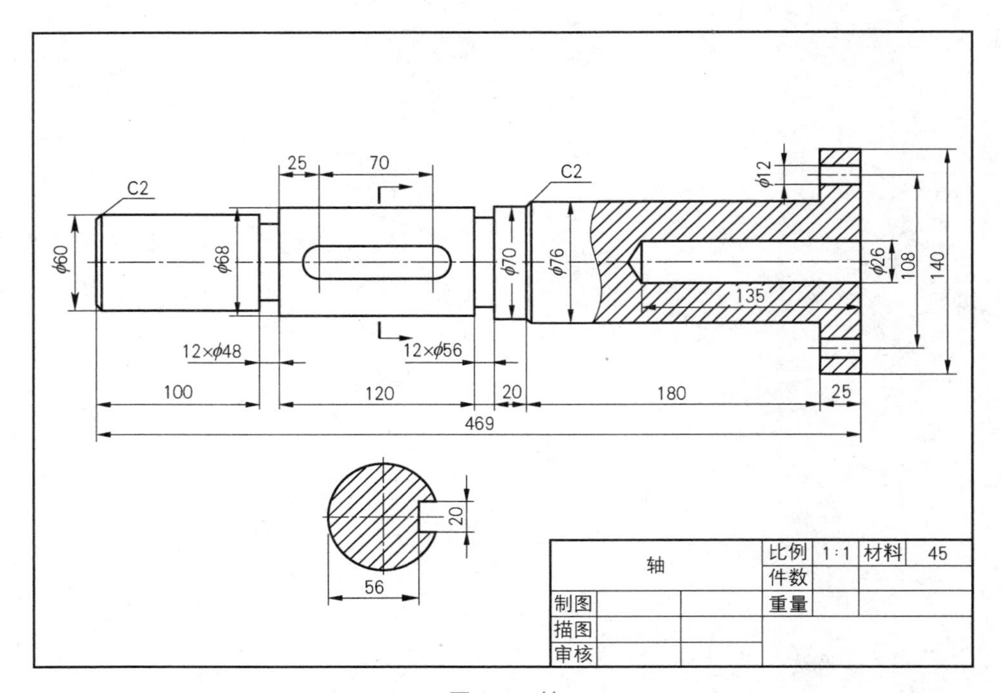

图 8-1 轴

具体操作步骤如下。

（1）新建“视口”图层并置为当前层。

（2）单击菜单“插入”→“布局”→“创建布局向导”，弹出如图 8-2 所示的对话框。

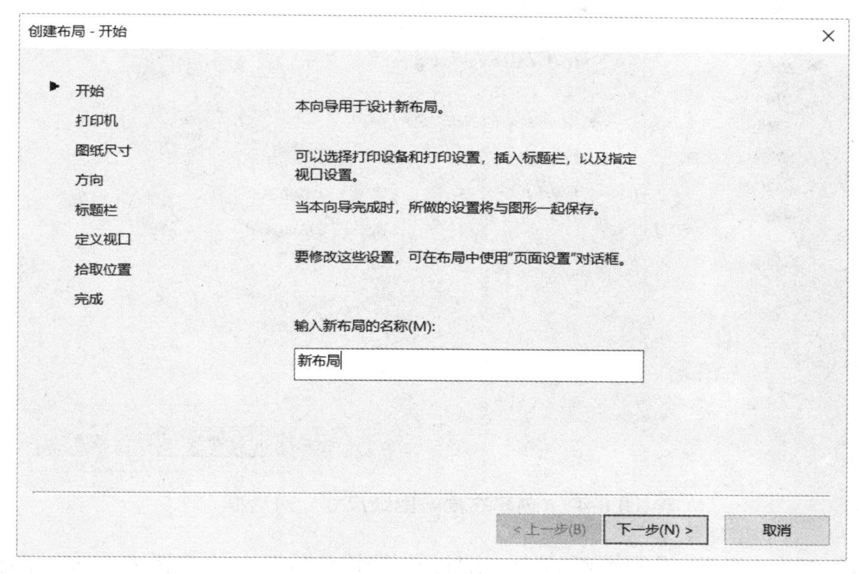

图 8-2 “创建布局-开始”对话框

（3）输入新布局名称，单击“下一步”，弹出如图 8-3 所示对话框，进行打印机的设置。在创建布局前，必须确认已安装了打印机，否则选择电子打印机“DWF6 ePlot.pc3”。

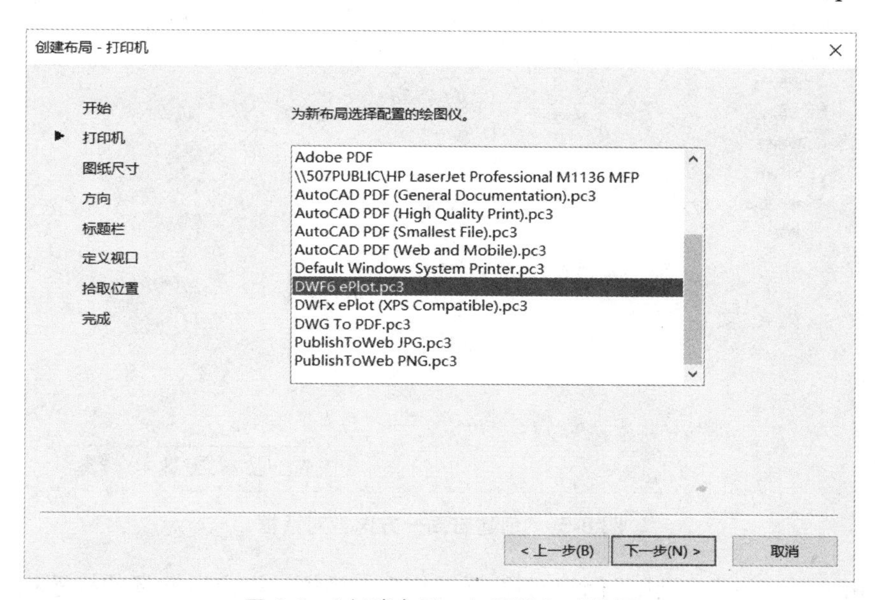

图 8-3 “创建布局—打印机”对话框

（4）单击“下一步”，弹出如图 8-4 所示对话框，设置图形单位和图纸尺寸大小。图形单位有公制和英制两种，中国通常选用公制单位。图纸尺寸的大小由选择的打印设备输出规格决定，AutoCAD 系统可以支持上百种规格的图纸尺寸选择。

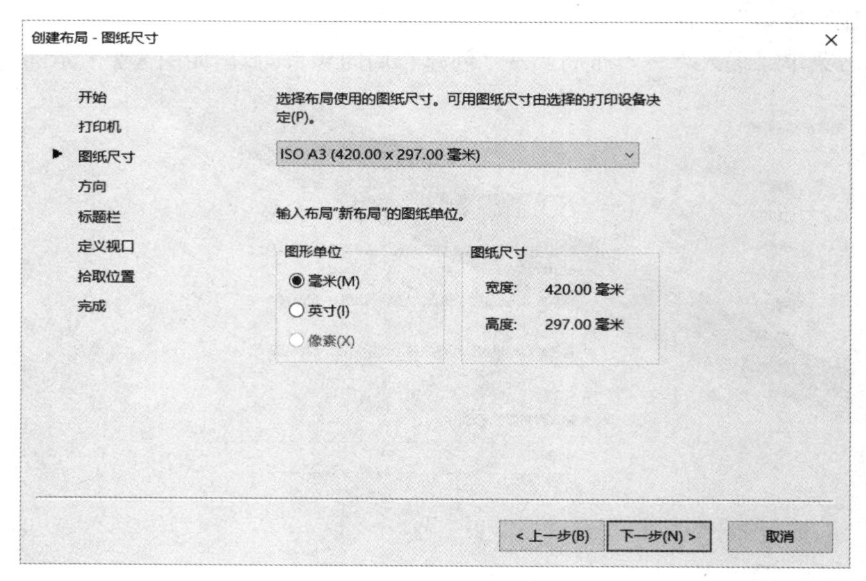

图 8-4 “创建布局—图纸尺寸”对话框

（5）单击“下一步”，设置图纸方向，即设置图形在图纸上的放置方向为纵向或横向。如图 8-5 所示。

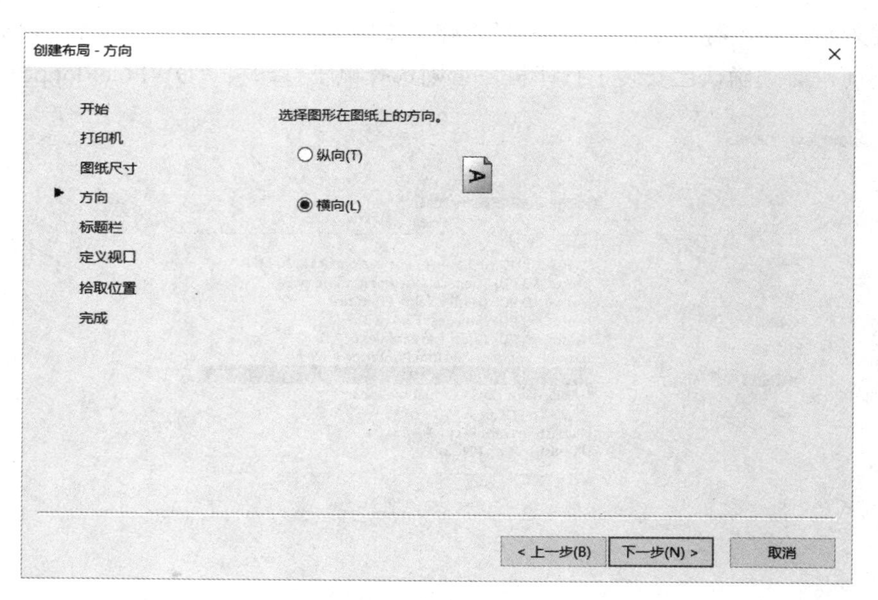

图 8-5 “创建布局—方向”对话框

（6）单击“下一步”，弹出“创建布局-标题栏”对话框，指定所选择的标题栏文件是作为块插入的，系统按照图纸大小给出了一些标题栏格式，用户可以通过属性编辑功能对标题栏内的内容进行填写或更改标题栏内项目的内容。用户也可以自己创建块，用 wblock 命令写入到“X:\Documents and Settings\windows 登录用户名\Local Settings\Application Data\Autodesk\

AutoCAD2016\R17.0\chs\Template”中（其中“X”代表 AutoCAD 的安装驱动器名）。

（7）单击“下一步”，弹出如图 8-6 所示的对话框，确定布局中视口的个数和方式以及视口中的视图与模型中图的比例关系。

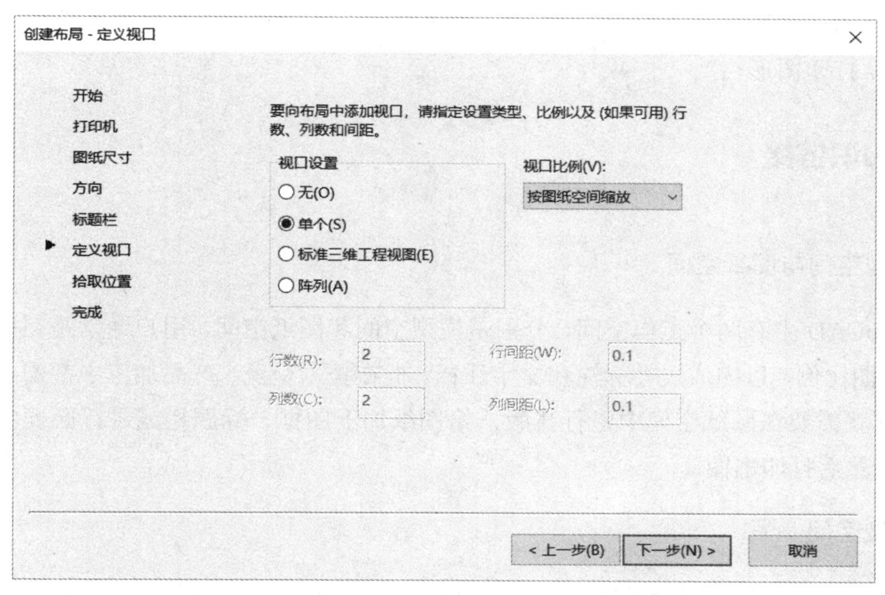

图 8-6　“创建布局—定义视口”对话框

（8）单击“下一步”，弹出如图 8-7 所示的对话框，单击“选择位置”，系统切换到绘图窗口，通过指定对角两点确定合适的视口大小和位置，可以利用鼠标左键进行框选。指定区域后返回对话框，单击“完成”。

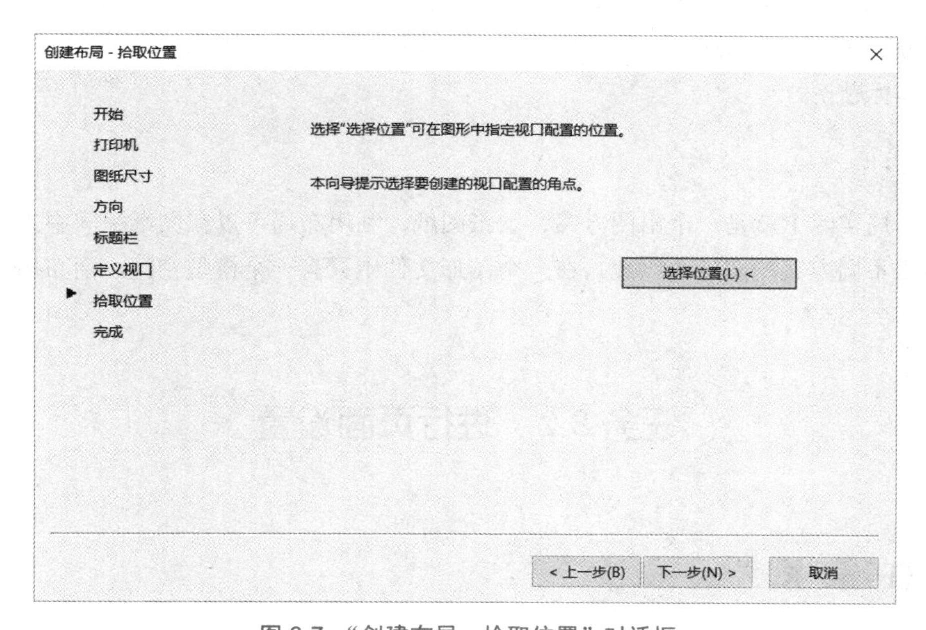

图 8-7　“创建布局—拾取位置”对话框

（9）调整视口的显示比例及显示方位。单击“预览”，在屏幕上预览即将要打印的图样，如符合要求，可在预览图中右击，在弹出菜单中选择“打印”即开始打印；若效果不佳，选择“退出”，返回再重新调整设置。

（10）单击“标准”→“打印”，在弹出的“打印”对话框中，根据需要设置各参数，单击“确定”，打印图形。

8.1.3 知识链接

1. 模型空间与图纸空间

在 AutoCAD 中有两个工作空间，分别是模型空间和图纸空间，用户通常是在模型空间设计 1:1 的绘图比例，以完成尺寸标注和文字注释。但在技术交流、产品加工中都需要图纸来作为媒介，这就需要在图纸空间中进行排版，给图纸加上图框、标题栏或进行必要的文字、尺寸标注等，然后打印出图。

2. 模型空间

模型空间是建立模型时所处的 AutoCAD 环境，它可以进行二维图形的绘制、三维实体的造型，全方位地显示图形对象，因此，用户使用 AutoCAD 时首先是在模型空间中工作。

3. 图纸空间

图纸空间是设置和管理视图的 AutoCAD 环境，是一个二维环境。在图纸空间可以按模型对象不同方位显示多个视图，按合适的比例在图纸空间中表示出来，还可以定义图纸的大小，生成图框和标题栏。

4. 布局

一个布局实际上就是一个出图方案、一张图纸，利用布局可以在图纸空间中方便、快捷地创建多张不同方案的图纸，因此，在一个图形文件中只有一个模型空间，而布局可以设置多个。

任务 8.2 进行页面设置

8.2.1 任务要求

利用页面设置功能来确定最终输出图纸的格式和外观。

8.2.2　任务实施

操作步骤如下。

（1）单击“文件”→“页面设置管理器”或右键单击“布局 1”，选择“页面设置管理器”，如图 8-8 所示。弹出“页面设置管理器”对话框；如图 8-9 所示。

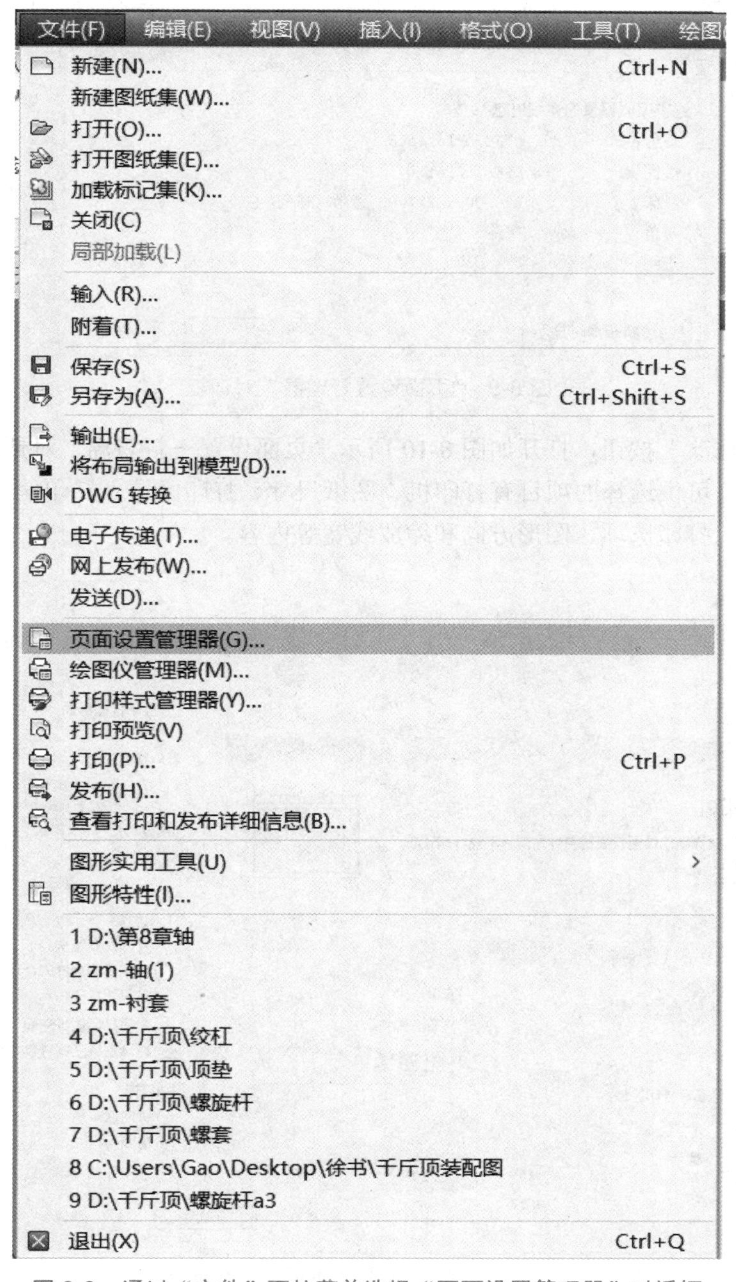

图 8-8　通过“文件”下拉菜单选择“页面设置管理器”对话框

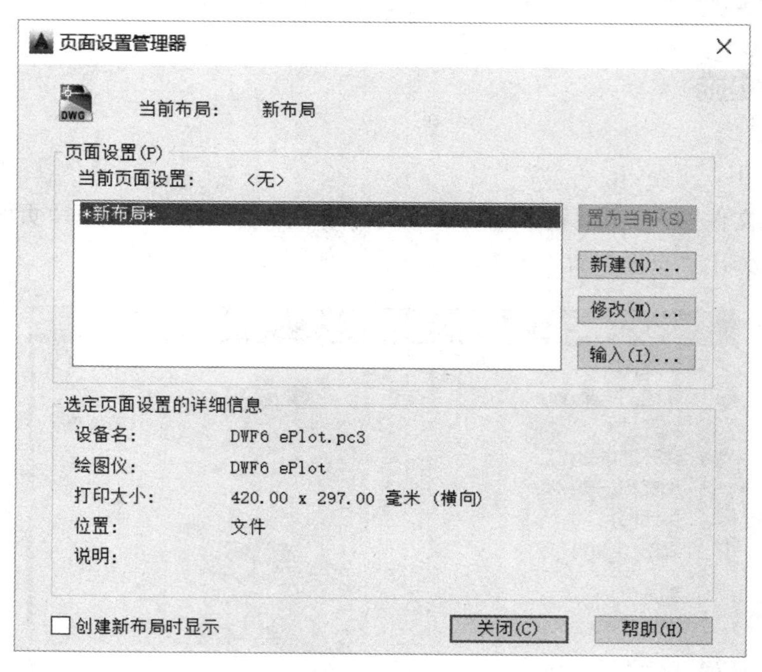

图 8-9 “页面设置管理器”对话框

（2）单击“修改”按钮，打开如图 8-10 所示“页面设置－新布局”对话框，在该对话框中涉及内容很多，可供选择的项目有打印机、图纸尺寸、打印区域、打印偏移、打印样式表、着色、打印比例、打印选项、图形方向和缩放线宽等内容。

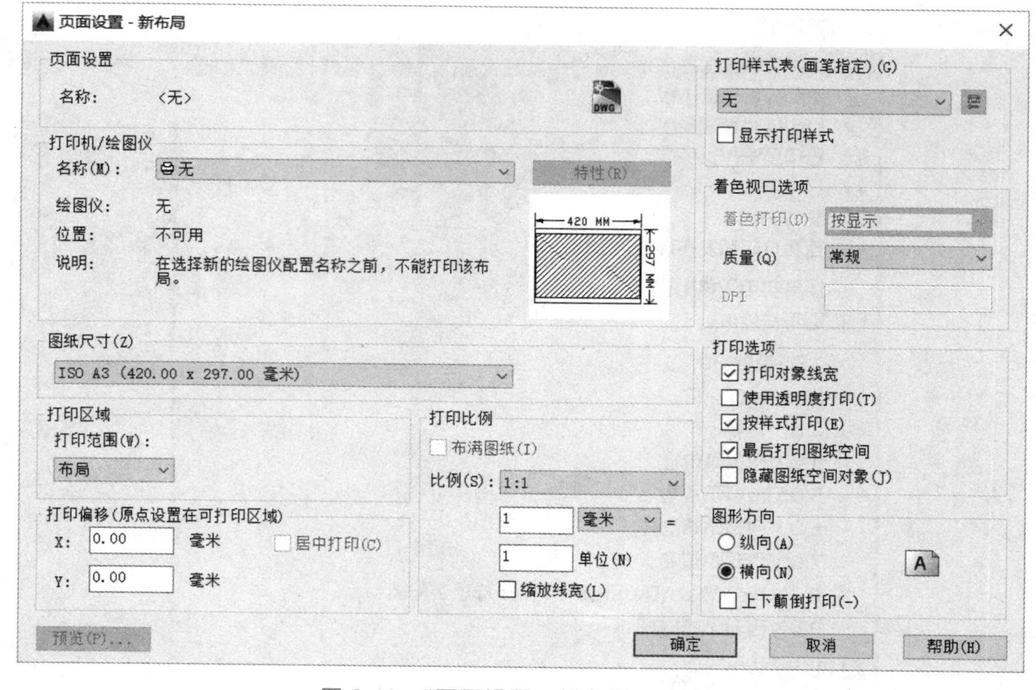

图 8-10 “页面设置－新布局”对话框

（3）新建一个视口。

① 调用删除命令，单击视口边框，删除已有的视口。

② 单击“视图”→“视口”→“一个视口”或单击“视口”→“单个视口”，选择“布满”方式，新建一个视口。新建视口后效果如图 8-11 所示。

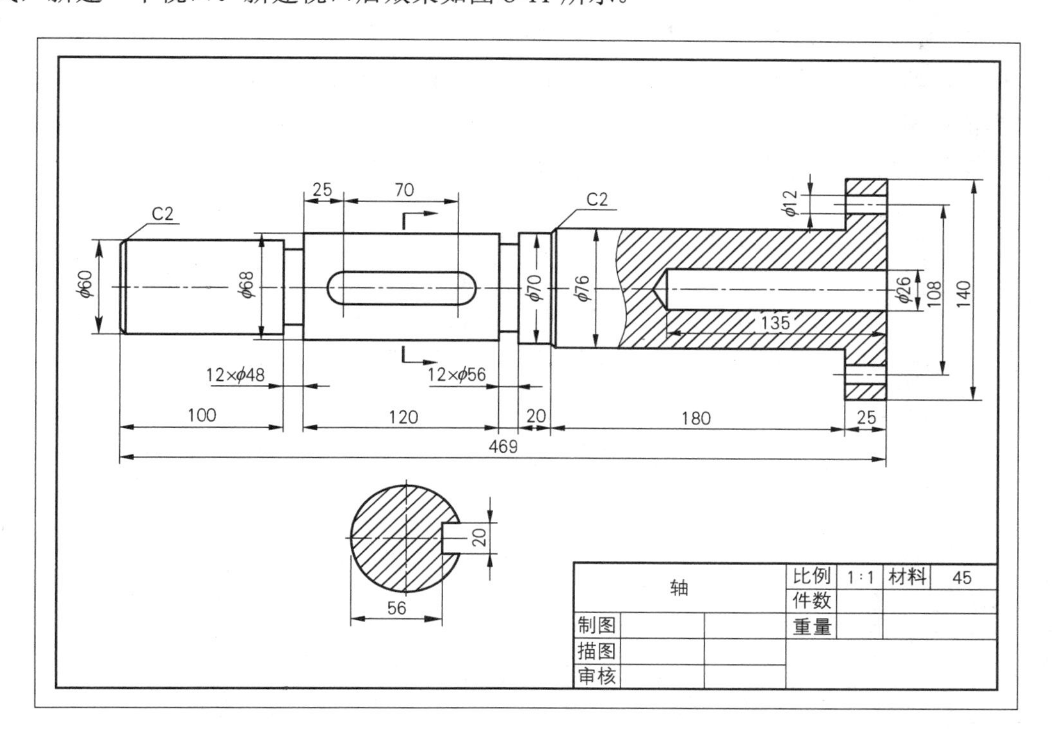

图 8-11　新视口下零件效果图

（4）打印出图。

① 关闭“视口”图层，并将其设为不打印状态（设置后打印时便不会出现视口边框）。

② 单击“标准——打印”，弹出打印对话框，根据需要设置各参数。

8.2.3　知识链接

1. 页面设置

页面设置是打印设备和其他影响最终输出的外观和格式的设置的集合。可以修改这些设置并将其应用到其他布局中。其中包括打印设备设置和其他影响输出的外观和格式的设置。页面设置中指定的各种设置和布局一起存储在图形文件中。可以随时修改页面设置中的设置。默认情况下，每个初始化的布局都有一个与其关联的页面设置。如果希望每次创建新的图形布局时都显示页面设置管理器，可以在“选项”对话框的“显示”选项卡中选择“新建布局时显示页面设置管理器”选项。如果不需要为每个新布局都自动创建视口，可以在“选项”

对话框的“显示”选项卡中清除“在新布局中创建视口”选项。

2. 新建页面设置

页面设置管理器（如图 8-9 所示）中的页面设置对话框列举了当前可以选择的布局。其中“置为当前”按钮可以将选中的布局设置为当前布局。“新建”按钮，可以打开“新建页面设置”对话框，如图 8-12 所示，可从中创建新的布局，但是新的页面设置可以以某个现成的基础样式为依托再进行修改。如果读者对于页面设置不清楚的话，还可以通过单击“页面设置管理器”对话框右上角的“了解页面设置管理器”按钮学习相关知识。

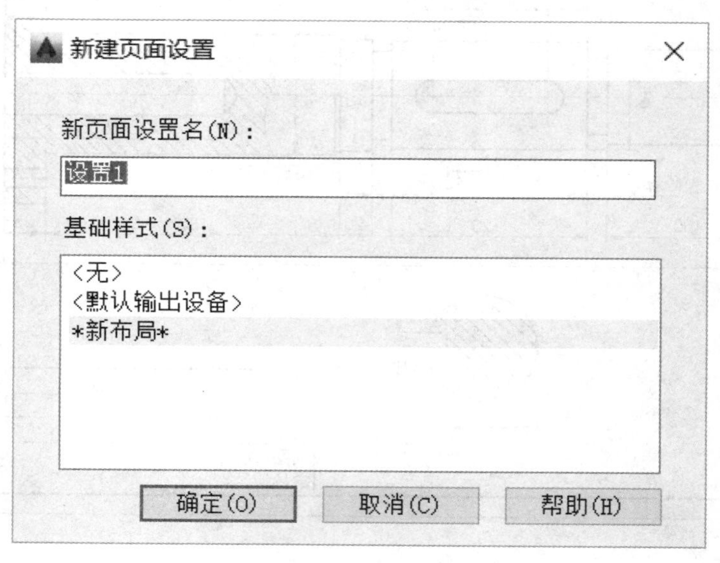

图 8-12 “新建页面设置”对话框

3. 输入页面设置

在页面设置管理器（如图 8-9 所示）对话框中，读者可以单击“输入”打开“从文件选择页面设置”对话框，选择已经设置好的布局设置。

任务 8.3 打 印 出 图

8.3.1 任务要求

创建完图形之后，通常要打印到图纸上。打印时，可以从“模型”选项卡打印，也可以从“布局”选项卡打印。

8.3.2 任务实施

1. 打印预览

在打印输出图形之前可以预览输出结果，以检查设置是否正确。AutoCAD 将按照当前的页面设置、绘图设备设置及绘图样式表等在屏幕上绘制最终要输出的图纸，如图 8-13 所示。

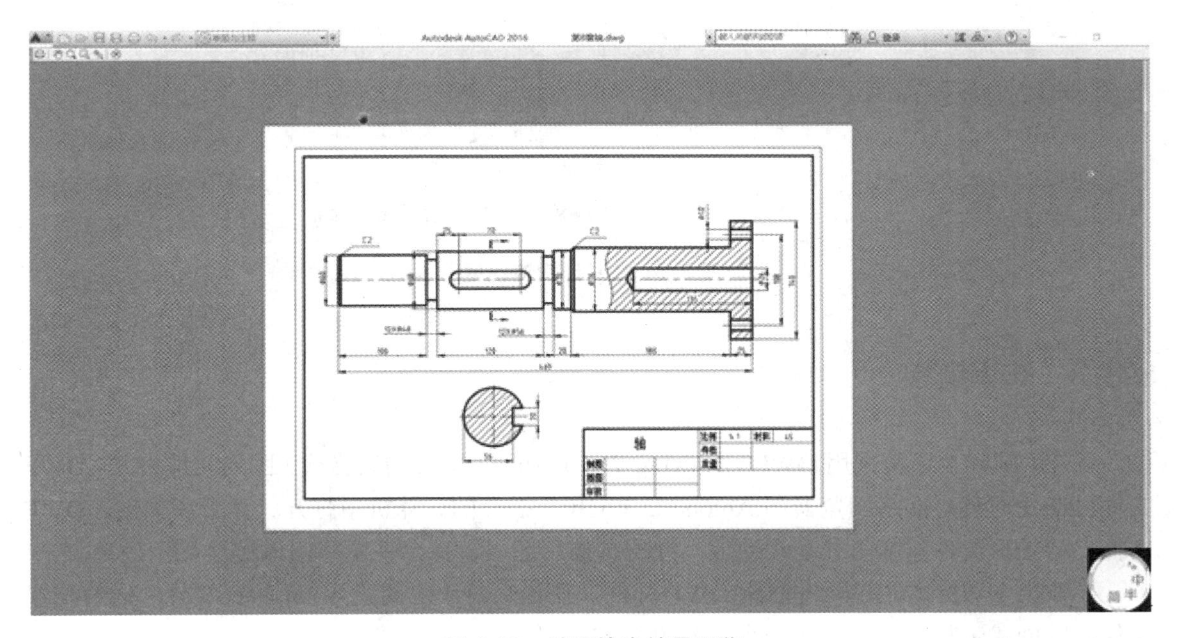

图 8-13 绘图输出结果预览

在预览窗口中，光标变成了带加号和减号的放大镜状，向上拖动光标可以放大图像，向下拖动光标可以缩小图像。要结束全部的预览操作，可直接按 Esc 键。

2. 打印图形

在 AutoCAD 中，可以使用“打印”对话框打印图纸。“打印”对话框中的内容与“页面设置”对话框中的内容基本相同，如图 8-14 所示。在此对话框中，可以对“页面设置”名称、“打印机”名称、图纸尺寸、打印区域、打印份数、打印偏移、比例、单位、缩放线宽等选项进行修改并保存。各项设置完成之后，在“打印”对话框中单击“确定”按钮，AutoCAD 将开始输出图形并动态显示绘图速度。如果图形输出时出现错误或要中断绘图，可按 Esc 键，AutoCAD 将结束图形输出。

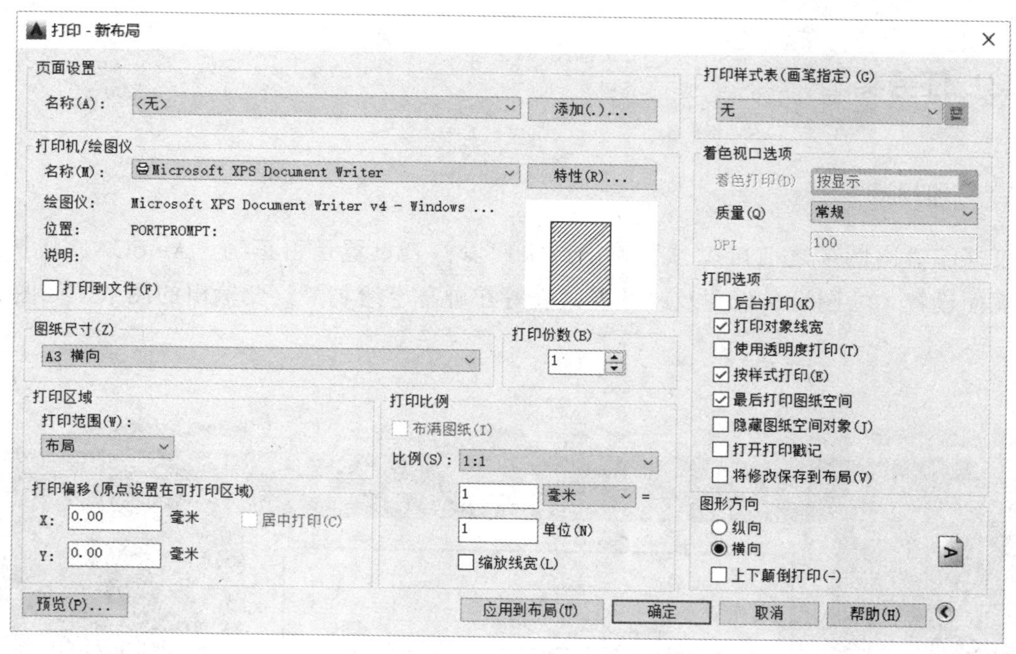

图 8-14 “打印”对话框

8.3.3 知识链接

现在，国际上通常采用 DWF（Drawing Web Format，图形网络格式）图形文件格式。DWF 文件可在任何装有网络浏览器和 Autodesk WHIP！插件的计算机中打开、查看和输出。DWF 文件支持图形文件的实时移动和缩放，并支持控制图层、命名视图和嵌入链接显示效果。

要输出 DWF 文件必须先创建 DWF 文件，在这之前还应创建 ePlot 配置文件。通过配置文件可以创建带有白色背景和纸张边界的 DWF 文件。

通过 AutoCAD 的 ePlot 功能，可将电子图形文件发布到 Internet 上，所创建的文件以 Web 图形格式保存。安装了 Internet 浏览器和 Autodesk WHIP！插入模块的任何用户都可以打开、查看和打印 DWF 文件。

参 考 文 献

[1] 蒋清平. AutoCAD2016 机械制图实训教程[M]. 北京：人民邮电出版社，2017.
[2] 何铭新，钱可强，徐祖茂. 机械制图（第 7 版）[M]. 北京：高等教育出版社，2016.
[3] 徐秀娟. 机械制图[M]. 西安：西北工业大学出版社，2015.
[4] 薛颂菊，徐瑞杰. 工程制图[M]. 北京：清华大学出版社，2015.
[5] 张艺雯. 机械识图与 CAD 技术[M]. 北京：人民邮电出版社，2016.